Formleitlinien für die Flächenrückführung -

Extraktion von Kanten und Radiusauslauflinien aus unstrukturierten 3D-Meßpunktmengen

Von der Fakultät Konstruktions- und Fertigungstechnik

der Universität Stuttgart

zur Erlangung der Würde eines

Doktor-Ingenieurs (Dr.-Ing.)

genehmigte Abhandlung

Vorgelegt von

Dipl.-Phys. Ralph Peter Knorpp

aus Stuttgart

Hauptberichter: Professor Dr.-Ing. Dr. h.c. Engelbert Westkämper

Mitberichter: Professor Dr.-Ing. habil. Dieter Fichtner, TU Dresden

Tag der Einreichung: 9. Februar 1998

Tag der mündlichen Prüfung: 3. Juli 1998

Ralph Peter Knorpp

Formleitlinien für die Flächenrückführung - Extraktion von Kanten und Radiusauslauflinien aus unstrukturierten 3D-Meßpunktmengen

Mit 57 Abbildungen und 5 Tabellen

Springer

Dr.-Ing. Ralph Peter Knorpp
Fraunhofer-Institut für Produktionstechnik und Automatisierung (IPA), Stuttgart

Prof. Dr.-Ing. Dr. h. c. mult. H. J. Warnecke
o. Professor an der Universität Stuttgart
Präsident der Fraunhofer-Gesellschaft, München

Prof. Dr.-Ing. Dr. h. c. E. Westkämper
o. Professor an der Universität Stuttgart
Fraunhofer-Institut für Produktionstechnik und Automatisierung (IPA), Stuttgart

Prof. Dr.-Ing. habil. Prof. e. h. Dr. h. c. H.-J. Bullinger
o. Professor an der Universität Stuttgart
Fraunhofer-Institut für Arbeitswirtschaft und Organisation (IAO), Stuttgart

D 93

ISBN-13: 978-3-540-65161-1   e-ISBN-13: 978-3-642-47965-6
DOI: 10.1007/978-3-642-47965-6

Gesamtherstellung: Copydruck GmbH, Heimsheim
SPIN 10696895   62/3020—5 4 3 2 1 0

Geleitwort der Herausgeber

Über den Erfolg und das Bestehen von Unternehmen in einer marktwirtschaftlichen Ordnung entscheidet letztendlich der Absatzmarkt. Das bedeutet, möglichst frühzeitig absatzmarktorientierte Anforderungen sowie deren Veränderungen zu erkennen und darauf zu reagieren.

Neue Technologien und Werkstoffe ermöglichen neue Produkte und eröffnen neue Märkte. Die neuen Produktions- und Informationstechnologien verwandeln signifikant und nachhaltig unsere industrielle Arbeitswelt. Politische und gesellschaftliche Veränderungen signalisieren und begleiten dabei einen Wertewandel, der auch in unseren Industriebetrieben deutlichen Niederschlag findet.

Die Aufgaben des Produktionsmanagements sind vielfältiger und anspruchsvoller geworden. Die Integration des europäischen Marktes, die Globalisierung vieler Industrien, die zunehmende Innovationsgeschwindigkeit, die Entwicklung zur Freizeitgesellschaft und die übergreifenden ökologischen und sozialen Probleme, zu deren Lösung die Wirtschaft ihren Beitrag leisten muß, erfordern von den Führungskräften erweiterte Perspektiven und Antworten, die über den Fokus traditionellen Produktionsmanagements deutlich hinausgehen.

Neue Formen der Arbeitsorganisation im indirekten und direkten Bereich sind heute schon feste Bestandteile innovativer Unternehmen. Die Entkopplung der Arbeitszeit von der Betriebszeit, integrierte Planungsansätze sowie der Aufbau dezentraler Strukturen sind nur einige der Konzepte, welche die aktuellen Entwicklungsrichtungen kennzeichnen. Erfreulich ist der Trend, immer mehr den Menschen in den Mittelpunkt der Arbeitsgestaltung zu stellen - die traditionell eher technokratisch akzentuierten Ansätze weichen einer stärkeren Human- und Organisationsorientierung. Qualifizierungsprogramme, Training und andere Formen der Mitarbeiterentwicklung gewinnen als Differenzierungsmerkmal und als Zukunftsinvestition in *Human Resources* an strategischer Bedeutung.

Von wissenschaftlicher Seite muß dieses Bemühen durch die Entwicklung von Methoden und Vorgehensweisen zur systematischen Analyse und Verbesserung des Systems Produktionsbetrieb einschließlich der erforderlichen Dienstleistungsfunktionen unterstützt werden. Die Ingenieure sind hier gefordert, in enger Zusammenarbeit mit anderen Disziplinen, z. B. der Informatik, der Wirtschaftswissenschaften und der Arbeitswissenschaft, Lösungen zu erarbeiten, die den veränderten Randbedingungen Rechnung tragen.

Die von den Herausgebern langjährig geleiteten Institute, das

- Institut für Industrielle Fertigung und Fabrikbetrieb der Universität Stuttgart (IFF),

- Institut für Arbeitswissenschaft und Technologiemanagement (IAT),

- Fraunhofer-Institut für Produktionstechnik und Automatisierung (IPA),

- Fraunhofer-Institut für Arbeitswirtschaft und Organisation (IAO) arbeiten in grundlegender und angewandter Forschung intensiv an den oben aufgezeigten Entwicklungen mit. Die Ausstattung der Labors und die Qualifikation der Mitarbeiter haben bereits in der Vergangenheit zu Forschungsergebnissen geführt, die für die Praxis von großem Wert waren. Zur Umsetzung gewonnener Erkenntnisse wird die Schriftenreihe „IPA-IAO - Forschung und Praxis" herausgegeben. Der vorliegende Band setzt diese Reihe fort. Eine Übersicht über bisher erschienene Titel wird am Schluß dieses Buches gegeben.

Dem Verfasser sei für die geleistete Arbeit gedankt, dem Springer-Verlag für die Aufnahme dieser Schriftenreihe in seine Angebotspalette und der Druckerei für saubere und zügige Ausführung. Möge das Buch von der Fachwelt gut aufgenommen werden.

H. J. Warnecke   E. Westkämper   H.-J. Bullinger

Vorwort

Die vorliegende Arbeit entstand während meiner Tätigkeit als wissenschaftlicher Mitarbeiter am Institut für Industrielle Fertigung und Fabrikbetrieb (IFF) und am Fraunhofer-Institut für Produktionstechnik und Automatisierung (IPA) in Stuttgart.

Herrn Prof. Dr.-Ing. Dr. h.c. E. Westkämper danke ich für die großzügige Unterstützung und Förderung meiner Arbeit. Herrn Prof. Dr.-Ing. habil. D. Fichtner danke ich für die Übernahme des Koreferates sowie für die konstruktiven Kommentare, die sich aus der Durchsicht der Arbeit ergaben.

Darüber hinaus danke ich allen Mitarbeitern der oben genannten Institute, die mich durch anregende Diskussionen und Hilfsbereitschaft unterstützt haben. Stellvertretend hierfür möchte ich Herrn Dr.-Ing. Th. Haller, Herrn Dipl.-Ing.(FH) mult. R. Winkler, Frau Dr.-Ing. S. Roth-Koch sowie Herrn Dipl.-Ing. K. U. Koch nennen. Den Herren Ph. Eisenlohr, Dipl.-Inf. V. Avrutin und Dipl.-Inf. M. Hack danke ich für die Mitarbeit bei den umfangreichen Programmiertätigkeiten.

Mein besonderer Dank gilt Herrn Dr.-Ing. W. Rauh für wertvolle fachliche Anregungen sowie meiner Familie und meinen Freunden für ihr Verständnis und ihre moralische Unterstützung.

Stuttgart, im Juli 1998   Ralph Knorpp

Inhaltsverzeichnis

Kapitel 0

Verwendete Abkürzungen und Formelzeichen

Abkürzungen

CAD	: Computer Aided Design
CAGD	: Computer Aided Geometric Design
CPU	: Central Processing Unit
DIN	: Deutsche Industrie-Normen
GF	: Gitterfaktor
IGES	: Initial Graphics Exchange Specification
ISO	: International Standardization Organisation
LCD	: Liquid Crystal Display
NURBS	: Non-Uniform Rational B-Splines
STEP	: Standard for the Exchange of Product Model Data ISO 10303
VDA-FS	: Verband der Automobilindustrie - Flächenschnittstelle

Arabische Formelzeichen

$a, b, c \in \Re$	: Koeffizienten einer Ebenengleichung
$a_i \in \Re$	: Koeffizienten eines Polynoms
$\vec{a}_i \in \Re^n$	: Koeffizientenvektor einer polynomialen Kurve
$\vec{a}_{ij}, \vec{b}_{ij} \in \Re^n$	: Koeffizientenvektoren einer polynomialen Fläche
A	: Arbeitsbereich zur Bestimmung der Radiusauslauflinien
$Ae(P_i)$	: Ausgleichsebene im Punkt P_i
A_q	: Oberfläche des Quaders, der alle Meßpunkte umschließt (Min-Max-Quader)
d_i	: Abstand Punkt - Ebene
$\vec{d}_i$	: Abstandsvektor Punkt - Ebene
d_m	: Mittlerer Punktabstand der Meßpunktmenge
f_i	: Boole'sche Variable
$\vec{F}(u, v)$	: Polynomiale Fläche im $\Re^3$
$i, j, k, n, m \in \mathrm{N}$	: Index- oder Zählvariablen
k_1, k_2	: Hauptkrümmungen eines Punktes auf einer polynomialen Fläche
k_{avg}, k_{max}	: Mittlere bzw. maximale Krümmung

k_i : Krümmungswert im Meßpunkt P_i

k_{Gj} : Gewichteter Krümmungswert der Punkte P_i, P_j

k_s : Schwellwert für die Bestimmung einer Kantenlinie

$\vec{K}(t)$: Polynomiale Kurve im $\Re^3$

l : Bogenlänge der Konturlinie

$\vec{l}_Q$: Normierter Richtungsvektor der Leitlinie L im Stützpunkt P_Q

L : Leitlinie für die Bestimmung der Radiusauslauflinien

$\vec{M}_i$: Merkmalsvektor im Punkt P_i

$\vec{Me}_i$: Erweiterter Merkmalsvektor im Punkt P_i

MP : Menge der Meßpunkte

MQ : Menge der Projektionspunkte auf Querschnittsebene Q

$\vec{n}_i = (nx_i, ny_i, nz_i)$: Normalenvektor im Punkt P_i

N : Anzahl der Meßpunkte im betrachteten Datensatz

p_A : Parameter für Arbeitsumgebung zur Bestimmung der Radiusauslauflinien

p_G : Gewichtungsparameter bei der Bestimmung der Richtung eines Kantensegments (Richtungsgewichtung)

p_L : Parameter zur Bestimmung des Abstands der Stützpunkte P_Q auf L

p_R : Parameter für Nachbarbestimmung; $R = p_R \cdot d_m$

p_S : Parameter zur Bestimmung des Krümmungsschwellwerts bei der automatischen Kantenverfolgung

P_i : Beliebiger Punkt der Meßpunktmenge

P_k : Punkt auf Konturlinie einer Querschnittsebene Q

P_{start} : Startpunkt einer Kantenlinie

P_Q : Berechnete Stützpunkte auf der Leitlinie L

Q : Querschnittsebene in P_Q

r_A : Ausrundungsradius

R : Suchkugelradius zur Bestimmung der Nachbarmenge $\Omega(P_i)$

S_A : Gesuchte Radiusauslauflinien

S_Q : Dominante Punkte auf Konturlinie von Querschnittsebene Q

S_{WQ} : Dominante Punkte des Konturwinkelgraphs von Q

$t, u, v \in [0,0\ ;\ 1,0]$: Parameterwerte von Freiformkurven/flächen

V_q : Volumen des Quaders, der alle Meßpunkte umschließt (Min-Max-Quader)

$\vec{x}_i = (x_i, y_i, z_i)$: 3D-Punktkoordinaten des Meßpunkts P_i

$\vec{x}_j = (x_j, y_j, z_j)$: 3D-Punktkoordinaten des Meßpunkts P_j

$\vec{x}_k = (x_k, y_k)$: 2D-Punktkoordinaten von P_k auf Querschnittsebene

$\vec{x}_\varrho = (x_\varrho, y_\varrho, z_\varrho)$: 3D-Punktkoordinaten des Stützpunkts P_ϱ

Griechische Formelzeichen

α : Knickwinkel einer scharfen Kante

α_A : Winkel zwischen den ausgerundeten Flächen

$\Omega(P_i)$: Menge der Nachbarpunkte von Punkt P_i

Ω_0, Ω_1 : Teilmengen von $\Omega(P_i)$, Elemente davon: $P\Omega_0, P\Omega_1$

$\hat{\Omega}_0, \hat{\Omega}_1$: Gemittelter Normalenvektor von Ω_0, Ω_1

$\phi(l)$: Konturwinkel, Winkel zwischen Konturlinie und x-Achse

σ : Standardabweichung des Rauschens (als Vielfaches von d_m)

σ_{abs} : Standardabweichung des Rauschens, Absolutwert

σ_{asr} : Standardabweichung der bestimmten Radiusauslauflinien gegenüber theoretisch idealem Verlauf (als Vielfaches von d_m)

σ_{Kant} : Standardabweichung der bestimmten Kantenlinie gegenüber theoretisch idealem Verlauf (als Vielfaches von d_m)

$\sigma_{Geo\text{-}Korr}$: Standardabweichung der korrigierten Kantenlinie gegenüber theoretisch idealem Verlauf (als Vielfaches von d_m)

Sonstige Bezeichnungen

N : Menge der natürlichen Zahlen

$\mathfrak{R}$: Menge der reellen Zahlen

Kapitel 1

Einleitung

Im Mittelpunkt der Entwicklung innovativer Produkte steht heute immer häufiger das 3D-CAD-System. Hier erfolgt die rechnerinterne Festlegung der Produktgeometrie in Form eines 3D-CAD-Modells. Anhand des 3D-CAD-Modells werden Simulationen und Zusammenbauuntersuchungen durchgeführt, Betriebsmittel konstruiert, Fertigungsdaten abgeleitet und Prüfaufgaben festgelegt /VDIB96/.

3D-CAD-Systeme haben die Grundlage dafür geschaffen, daß komplexe Geometrien rechnerintern beherrschbar sind. Durch sogenannte Freiformflächen lassen sich Formen mathematisch beschreiben, die einen nahezu beliebigen Krümmungsverlauf haben /AUMA93/, /FARI94/. Die Auswirkungen davon sind bei vielen Produkten wie z.B. Autos, Haushaltgeräten, Elektrowerkzeugen und Möbeln deutlich erkennbar: Neben technischen Randbedingungen bestimmen immer häufiger Ergonomie und Ästhetik die Form des Produktes - nicht mehr die Einschränkung einer einfachen mathematischen Beschreibungsmöglichkeit. Der Kunde hat reagiert. Das Produktdesign spielt heute eine bedeutende Rolle bei der Kaufentscheidung.

Doch obwohl 3D-CAD-Systeme heute sehr mächtige Hilfsmittel in der Produktentwicklung darstellen, bleibt ein zentrales Problem bestehen: Der Designer hat enorme Schwierigkeiten bei der rechnergestützten Formfindung, also beim Entwerfen einer neuen Form am Bildschirm. Hierfür gibt es verschiedene Gründe: Die Darstellung der Modelle am Bildschirm ist nur zweidimensional. Die Erzeugungs- und Modifikationsmöglichkeiten der Geometrie sind beschränkt und primär gemäß den Bedürfnissen eines Konstrukteurs konzipiert. Die neue Technologie muß erst akzeptiert, erlernt und beherrscht werden.

Durch den Einsatz von Virtual Reality oder von speziellen Softwaresystemen für das Produktdesign (Modellierer), lassen sich diese Probleme zwar abschwächen, aber das eigentliche Kernproblem bleibt bestehen: Systematik behindert Kreativität! Das fest vorgegebene Schema bei der Bedienung der Software und die begrenzten Möglichkeiten der rechnerinternen Formgebung und Veränderung, stehen im Widerspruch zur künstlerisch-kreativen Arbeitsweise des Designers.

Daher erfolgt die Formfindung und Formoptimierung im Produktdesign in der Regel nach wie vor "von Hand", indem physische Modelle aus Holz oder Ton /SCHO96/ erstellt werden. Zur Überführung der so entworfenen Formen in ein 3D-CAD-Modell, hat sich eine neue Technologie, die Flächenrückführung, entwickelt. Hierbei wird die Oberfläche des Designmodells mit Hilfe von schnellen 3D-Sensoren punktweise erfaßt. Dieser Prozeß wird als Digitalisierung bezeichnet. Anschließend werden aus den Meßpunkten CAD-taugliche Flächenmodelle abgeleitet /SARK91/, /KOIV93/, /SEKI93/, /SKIF95/, /KNOR95/ /BREM96/, FICH96/. Hierfür wird eine spezielle Flächenrückführungssoftware eingesetzt. Bild 1.1 zeigt die Einbindung der Flächenrückführung in die Formfindung im Produktdesign.

Wie man der Abbildung entnehmen kann, wird Flächenrückführung einerseits zur initialen Erzeugung von CAD-Modellen aus physischen Modellen eingesetzt. Andererseits kommt diese Technologie jedoch auch bei der Aktualisierung bestehender CAD-Modelle nach manuellen Formänderungen oder Formoptimierungen am physischen Modell zum Einsatz.

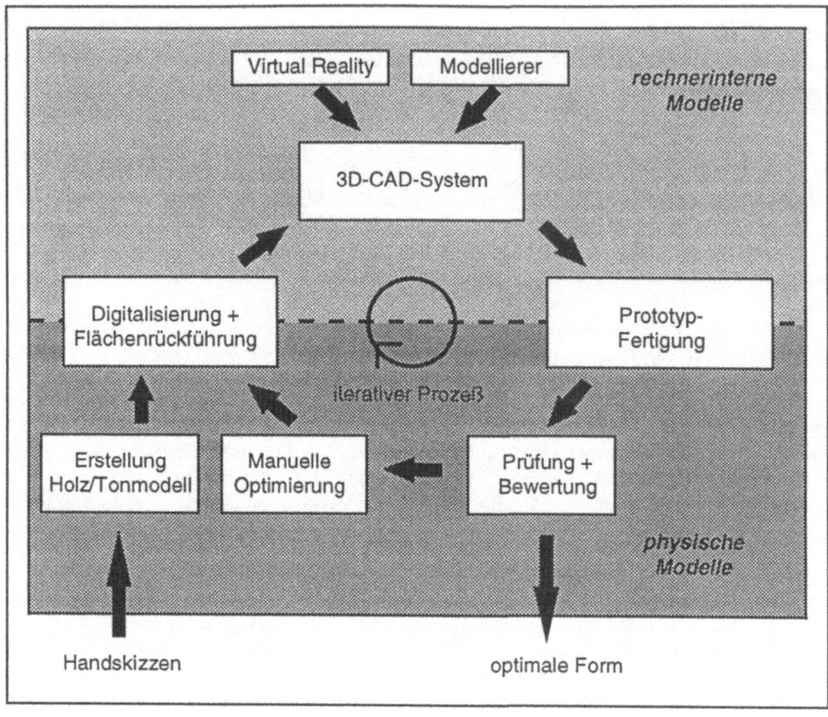

Bild 1.1: Einbindung der Flächenrückführung in die Formfindung im Produktdesign.

Die Beschreibung eines Designmodells durch eine einzige große Fläche im 3D-CAD-System ist aus verschiedenen Gründen nicht sinnvoll und aufgrund mathematischer Restriktionen oft auch gar nicht möglich /BONI96/, ROTK96/. In der aufgenommenen Meßpunktmenge werden daher mehrere kleinere Bereiche, sogenannte Segmente, definiert. Die Meßpunkte innerhalb eines Segments werden durch eine Regel- oder eine Freiformfläche approximiert. Die Segmentierung erfolgt interaktiv durch Anwählen von Punkten, die auf einer Segmentgrenze liegen sollen. Dieser Prozeß ist zeitintensiv und sehr kritisch, da die Lage der Segmentgrenzen einen entscheidenden Einfluß auf die Qualität des entstehenden Flächenmodells hat. Die besten Ergebnisse werden erzielt, wenn eine entstehende Teilfläche - und somit ein Segment - einem Bereich des Designmodells mit möglichst homogener Krümmung entspricht /BONI96/, /ROTK96/. Die Segmentgrenzen sollten daher den natürlichen Trennlinien des Designmodells, wie z.B. Kanten oder Radiusauslauflinien entsprechen. Diese Linien sind für die Wahrnehmung des Objekts von hoher Bedeutung und werden daher oft auch als Formleitlinien bezeichnet. Für die automatische Extraktion von Formleitlinien aus Meßpunktmengen existieren keine leistungsfähigen Algorithmen. Dieses Defizit und die damit verbundenen Zeit- und Qualitätsprobleme bei der Flächenrückführung waren ausschlaggebend für die Durchführung dieser Arbeit.

Ziel der vorliegenden Arbeit ist die Beschleunigung der Flächenrückführung bei gleichzeitiger Verbesserung der Qualität der entstehenden Flächenmodelle durch eine effiziente Benutzerunterstützung bei der Segmentierung der Meßpunktmenge. Hierzu sind leistungsfähige Algorithmen zur automatischen Bestimmung von Kanten und

Radiusauslauflinien aus unstrukturierten Meßpunktmengen zu entwickeln. Solche Algorithmen sind derzeit nicht verfügbar. Um die zu entwickelnden Algorithmen unabhängig vom verwendeten 3D-Sensor und unabhängig von der gewählten Digitalisierstrategie einsetzen zu können, sollen diese Algorithmen keine Ordnungsinformation der Meßpunktmenge voraussetzen.

Zur Verdeutlichung der Notwendigkeit einer Benutzerunterstützung bei der Flächenrückführung wird in Kapitel 2 der Stand der Technik und die Vorgehensweise bei der Flächenrückführung beschrieben. Neben den mathematischen Grundlagen der Anpassung von Regel- und Freiformflächen an Meßpunktmengen wird auch ein Überblick über kommerzielle Sensoren zur 3D-Digitalisierung gegeben. Anhand der nur rudimentär vorhandenen Ordnungsinformation in den anfallenden Meßpunktmengen wird begründet, warum die Entwicklung von Algorithmen zur Verarbeitung von unstrukturierten Meßpunktmengen sinnvoll ist. Die Defizite vorhandener Automatisierungsansätze für die Flächenrückführung werden aufgezeigt und damit eine Motivation für die vorliegende Arbeit gegeben.

In Kapitel 3 wird der Einfluß von Segmentgrenzen an Kanten und Radiusauslauflinien auf die Qualität der entstehenden Flächen anhand von Beispielen und mathematischen Analysen aufgezeigt.

Nachbarschaftsinformationen von Meßpunkten sind unerläßlich für jegliche Art der automatischen Verarbeitung einer Meßpunktmenge. In unstrukturierten Meßpunktmengen müssen diese Nachbarschaften dynamisch berechnet werden. Das Laufzeitverhalten der dafür benötigten Algorithmen kann durch die Wahl einer geeigneten Datenstruktur zur Speicherung der Meßpunkte und eines geeigneten Suchverfahrens für Nachbarpunkte optimiert werden. In Kapitel 4 werden drei verschiedene Verfahren zur effizienten Nachbarsuche in unstrukturierten Meßpunktmengen untersucht und in ihrer Eignung im Rahmen der vorliegenden Arbeit beurteilt.

Kapitel 5 enthält die Beschreibung der entwickelten Methode zur automatischen Extraktion von scharfen Kanten aus unstrukturierten 3D-Meßpunktmengen. Ein Verfahren zur geometrischen Korrektur der gefundenen Kantenlinie im Sub-Meßpunktbereich wird vorgestellt. Ergebnisse von Stabilitätsuntersuchungen der automatischen Kantenextraktion bezüglich des Rauschens auf den Meßpunkten werden präsentiert.

Die entwickelte Methode zur automatischen Extraktion von Radiusauslauflinien aus unstrukturierten Meßpunktmengen wird in Kapitel 6 beschrieben. Analog zu Kapitel 5 wird auch hier der Einfluß des Rauschens auf das automatisch bestimmte Ergebnis untersucht und beurteilt.

Kapitel 7 beschreibt die Integration der entwickelten Softwaremodule in ein vorhandenes Flächenrückführungssystem und die Anwendungsmöglichkeiten der automatischen Extraktion von Kanten und Radiusauslauflinien anhand von Beispielen. Eine Zusammenfassung der vorliegenden Arbeit befindet sich in Kapitel 8.

Kapitel 2

Stand der Technik

Eine automatische Extraktion von Kanten und Radiusauslauflinien ist von großem Interesse für die Flächenrückführung. Kanten stellen mathematisch bedingte Trennlinien zwischen verschiedenen Flächen dar, die an die Meßpunktmenge angepaßt werden. Eine Ausrundung wird bei der Flächenrückführung als eigenständige Fläche beschrieben. Daher müssen in der Meßpunktmenge diejenigen Linien, an denen die Ausrundung beginnt bzw. endet - die sogenannten Radiusauslauflinien - bestimmt werden. Um die Bedeutung einer automatischen Extraktion von Kanten und Radiusauslauflinien für die Flächenrückführung zu verdeutlichen, wird in Abschnitt 2.1 zunächst die prinzipielle Vorgehensweise bei der Flächenrückführung beschrieben.

2.1 Digitalisierung und Flächenrückführung

Ziel der Flächenrückführung ist die Ableitung eines 3D-CAD-Modells von einem physischen Modell (Bauteil). Hierzu werden zunächst die geometrischen Informationen der Bauteiloberfläche mit Hilfe eines 3D-Sensors erfaßt. In den letzten Jahren haben sich für diesen Zweck optische Sensoren aufgrund ihrer schnellen, berührungslosen Arbeitsweise und der damit verbundenen hohen Informationsdichte mehr und mehr durchgesetzt. Tabelle 2.1 zeigt die Entwicklung der Verkaufszahlen (Deutschland) der führenden Hersteller von schnellen, optischen Sensoren zur 3D-Digitalisierung.

Die Sensoren werden an einem Koordinatenmeßgerät oder an einer Werkzeugmaschine befestigt, um den Arbeitsbereich zu vergrößern und Ansichten von verschiedenen Seiten zu ermöglichen. Alternativ dazu kann ein ortsfester Sensor und ein Drehtisch für die Rotation des Bauteils verwendet werden.

Jahr	1994	1995	1996	1997
Jährliche Verkaufszahlen in Deutschland	4	9	15	27

Tabelle 2.1. Jährliche Verkaufszahlen (Deutschland) der führenden Hersteller von schnellen, optischen Sensoren zur 3D-Digitalisierung. Die Zahlen beruhen auf einer Umfrage im Januar 1998 bei den Herstellern: Digibotics (Vertrieb Deutschland durch Invenio), GOM, Hymarc (Vertrieb Deutschland durch L.O.T), Intecu, Kreon und Massen. Die Firmen Breuckmann und Steinbichler machten keine Angaben über Verkaufszahlen (die Firma Steinbichler stellte eine Referenzkundenliste zur Verfügung).

Vor Beginn der Geometrieerfassung (Digitalisierung) wird das Bauteil aufgespannt und gegebenenfalls ausgerichtet. Ist die gesamte Bauteiloberfläche zu digitalisieren, so reicht eine einzige Aufspannung oft nicht aus, da trotz der Relativbewegung von Sensor zu Bauteil z.B. die Auflagefläche des Bauteils nicht erfaßt werden kann. Das Bauteil muß also im Laufe der Digitalisierung umgespannt werden, um eine vollständige Oberflächenerfassung zu ermöglichen. Durch das Umspannen des Bauteils liegen die Meßdaten vor und nach dem Umspannen in verschiedenen Koordinatensystemen vor. Um das bei der Weiterverarbeitung korrigieren zu können, werden Referenzkörper (z.B. 3 kleine Kugeln) am Bauteil angebracht, die in den verschiedenen Lagen des Bauteils vermessen werden. Anhand dieser Referenzkörper kann nachträglich eine Transformationsmatrix berechnet werden, welche die Meßdaten in ein gemeinsames Koordinatensystem transformiert /SKIF95/.

Häufig handelt es sich bei dem zu digitalisierenden Bauteil um einen Teil eines größeren Modells (z.B. Kotflügel eines Autos). In diesen Fällen ist es nicht nur wichtig, daß die aufgenommenen Meßdaten in einem gemeinsamen Koordinatensystem vorliegen, sondern daß es sich hierbei um das Werkstückkoordinatensystem handelt (z.B. Fahrzeugkoordinatensystem). Dies ist notwendig, um die CAD-Modelle der verschiedenen Bauteile nach der Flächenrückführung richtig zusammensetzen zu können. Die Festlegung des Werkstückkoordinatensystems kann entweder durch manuelles Ausrichten des Bauteils auf dem Koordinatenmeßgerät oder durch nachträgliche Koordinatensystemtransformation realisiert werden.

Nach dem Aufspannen wird das Bauteil aus verschiedenen Ansichten digitalisiert, wobei bestimmte Bereiche des Bauteils zwangsläufig mehrfach erfaßt werden, da eine Überlappung verschiedener Teilbilder des Sensors vorliegen kann. Die meisten kommerziell erhältlichen optischen Sensoren bieten eine On-Line Visualisierung der aufgenommenen Meßpunkte auf dem Bildschirm des Steuerrechners. Damit kann kontrolliert werden, welche Bereiche des Bauteils bereits erfaßt wurden und wo noch Lücken im Meßdatensatz vorhanden sind.

Als Resultat des Digitalisiervorgangs erhält man eine Menge von Meßpunkten auf der Bauteiloberfläche. Die Anzahl der aufgenommenen Meßpunkte ist abhängig von der Größe und Komplexität des Bauteils sowie von der gewünschten Auflösung. Bild 2.1 oben links zeigt das Ergebnis der Digitalisierung eines Vergaseransaugrohrs. Es wurden 20 Teilbilder mit insgesamt mehr als 100.000 Meßpunkten aufgenommen. Zur Digitalisierung wurde ein Laserscanner /HYMA95/ verwendet. Solche Meßpunktmengen sind nicht dafür geeignet, in einem herkömmlichen 3D-CAD-System direkt weiterverarbeitet zu werden. Die Meßpunktmengen müssen durch einen separaten Arbeitsschritt, der Flächenrückführung genannt wird, in CAD-taugliche Flächenmodelle überführt werden. Hierfür wird eine spezielle Flächenrückführungssoftware eingesetzt.

Oft erfolgt die Flächenrückführung nicht durch die gleiche Person wie die Digitalisierung. Aus organisatorischen Gründen werden dann meist nur die Meßdaten über ein lokales Netzwerk, Datenfernübertragung oder Magnetband zur Weiterverarbeitung übertragen. Das Bauteil selbst liegt bei der Flächenrückführung häufig nicht vor. Um demjenigen, der die Flächenrückführung durchführt, zumindest einen vagen Eindruck vom Bauteil zu vermitteln, werden oft noch Bilder oder ein Videofilm vom Bauteil zusammen mit den Meßdaten weitergegeben.

Der Prozeß der Flächenrückführung läßt sich in die vier Unterpunkte: Segmentierung, Flächenerzeugung, Flächenprüfung und Flächenoptimierung aufteilen.

Segmentierung:

Die Bauteile, an denen eine Flächenrückführung durchgeführt werden soll, bestehen in der Regel aus Freiformflächen, die durch eine polynomiale Beschreibung definiert (CAGD) /FARI94/ bzw. beschreibbar sind. Kombinationen von Regelflächen (Ausschnitte aus Ebenen, Kugeln, Zylindern oder Kegeln) und Freiformflächen treten ebenfalls häufig auf. Das Anpassen einer einzigen Fläche an die gesamte Meßpunktmenge ist im allgemeinen nicht möglich /BONI96/. Dies hat im wesentlichen zwei Gründe:

Erstens gibt es topologische Probleme, die sich leicht anhand eines einfachen Beispiels erklären lassen: Man kann sich eine Freiformfläche als eine "Gummimatte" vorstellen, die sich verformen (jedoch nicht ein- oder zerschneiden) läßt, so daß sie eine vorgegebene Punktmenge möglichst gut approximiert. Beschreibt die Punktmenge z.B. einen Becher mit Henkel, so gelingt es nicht, eine einzige "Gummimatte" um Becher und Henkel zu wickeln, sondern man benötigt mindestens zwei "Gummimatten" (und somit mindestens zwei Flächen), eine für den Becher und eine für den Henkel.

Zweitens lassen sich aufgrund der begrenzten Freiheitsgrade in der polynomialen Darstellung der Freiformfläche nicht beliebig komplexe Geometrien mit einer Fläche darstellen. Dies entspricht einem Widerstand der "Gummimatte" bezüglich Verformungen mit starker Krümmung; die Gummimatte läßt sich nicht wie Papier zerknüllen. An Stellen mit starken Krümmungen (z.B. Kanten) müssen verschiedene Flächen aneinandergeschlossen werden.

In der Meßpunktmenge müssen daher mehrere kleine Bereiche definiert werden, an die jeweils eine Regelfläche oder eine Freiformfläche angepaßt wird. Der Prozeß der Definition dieser Bereiche wird als Segmentierung bezeichnet. Die Segmentierung erfolgt interaktiv durch Anwählen von Punkten, die auf einer Segmentgrenze liegen sollen. Ein Segment wird durch einen geschlossenen Polygonzug von Segmentgrenzen definiert.

Die Lage der Segmentgrenzen hat einen wesentlichen Einfluß auf die Qualität der entstehenden Flächen /MATR95/, /ROTK96/. Eine optimale Flächenqualität erhält man dann, wenn ein Flächenelement einen Bereich mit möglichst homogener Krümmung beschreibt /BONI96/. Daher ist es notwendig, daß z.B. an einer scharfen Kante im Bauteil eine Segmentgrenze im Meßdatensatz gezogen werden muß und daß eine Ausrundung im Bauteil als eigenständiges Segment definiert wird. Nähere Ausführungen zum Einfluß der Lage von Segmentgrenzen auf die Qualität der entstehenden Flächen finden sich in Kapitel 3.

Das interaktive Festlegen von Segmentgrenzen am Bildschirm ist besonders dann schwierig, wenn bei der Flächengenerierung lediglich der Meßdatensatz verfügbar ist, nicht jedoch das Bauteil selbst. Bei komplexen Bauteilen ist es oft problematisch und sehr zeitaufwendig aus den Meßpunkten auf dem Bildschirm zunächst die Form und Struktur des Bauteils und dann noch charakteristische Merkmale, wie z.B. Kanten und Radiusauslauflinien zu finden und genau anzuwählen.

Flächenerzeugung:

Nach der Definition eines Segmentes werden zunächst die Polygonzüge, welche die Segmentgrenzen definieren, durch Freiformkurven approximiert. Diese Freiformkurven bilden die Randkurven der zu erzeugenden Flächen. Die so erzeugten Randkurven und die im Segment liegenden Meßpunkte bilden die Grundlage für eine automatische Flächenanpassung im betrachteten Segment. In Abhängigkeit der vorliegenden Geometrie und den Anforderungen an das Flächenmodell erfolgt entweder die Anpassung einer Regelfläche durch Ausgleichsrechnung oder die Anpassung einer Freiformfläche (Bezier-, B-Spline- oder NURBS-Fläche) durch approximierende Verfahren. Ein kurzer Überblick über die mathematischen Grundlagen für die Anpassung von Regel- und Freiformflächen an Meßpunktmengen findet sich in Abschnitt 2.3. Beim Anpassen von Freiformflächen können die Übergangsbedingungen zu den bereits existierenden benachbarten Flächen angegeben werden. Je nach Anforderung an das entstehende CAD-Modell werden stetige, tangentenstetige oder krümmungsstetige Flächenübergänge erzeugt.

Durch Definition von Segmenten und Anpassung von Flächen an die darin enthaltenen Meßpunkte wird Schritt für Schritt das Flächenmodell aufgebaut. Bild 2.1 unten links zeigt das fertige Flächenmodell des Vergaseransaugrohrs in schattierter Darstellung. Die schwarzen Linien im Bild unten rechts stellen die Segmentgrenzen dar.

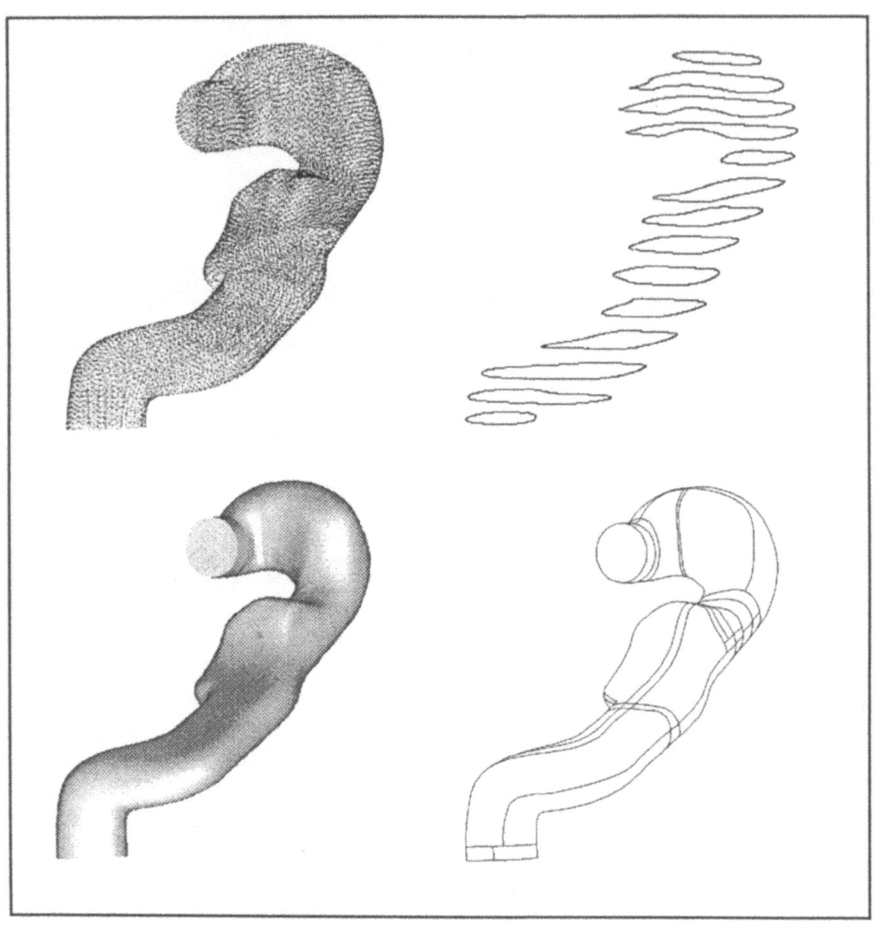

Bild 2.1: Flächenrückführung eines Vergaseransaugrohrs.
oben links: Meßpunkte   oben rechts: Schnittlinien
unten links: Flächenmodell   unten rechts: Segmentgrenzen

Flächenprüfung:

Die erzeugten Flächen können auf ihre Qualität hin untersucht werden. Hierzu stehen je nach verwendetem Flächenrückführungssystem verschiedene Verfahren zur Verfügung:

- Berechnung des Abstands der Meßpunkte im Segment zu der dort angepaßten Fläche und graphische Darstellung der Abweichungen

- Berechnung von Reflexionslinien, Isophoten oder Krümmungsverläufen auf den Flächen zur Prüfung der Welligkeit /ROTK96/

Flächenoptimierung:

Entspricht die Qualität der erzeugten Flächen nicht den Anforderungen, so gibt es folgende Modifikationsmöglichkeiten:

- Modifikation der Segmentierung: Aufteilung oder Vereinigung von Segmenten, Korrektur der Lage von Segmentgrenzen

- Änderung der Übergangsbedingungen (Grad der Stetigkeit) zwischen benachbarten Flächen

- Änderung der Flächenparameter: Erhöhung oder Erniedrigung der Ordnung der Polynome, die für die Approximation von Freiformflächen verwendet werden

Die meisten Flächenrückführungssysteme sind eigenständige, CAD-unabhängige Softwarepakete. Das Flächenmodell wird daher nach erfolgter Flächenrückführung über eine Standardschnittstelle (VDA-FS /VDAF86/, IGES /IGES91/, STEP /STEP95/) an das Ziel-CAD-System übertragen. Dort steht es dann zur Weiterverarbeitung (Konstruktion von Anschlußelementen, Durchführung von Simulationen, Ableitung einer Werkzeuggeometrie, Generierung von Fräsprogrammen etc.) zur Verfügung.

2.2 Schnelle Sensoren für die 3D-Digitalisierung

2.2.1 Gegenüberstellung von taktilen und optischen Sensoren

Zur Digitalisierung von Bauteilen für die Flächenrückführung werden taktile Sensoren (Taststifte an Koordinatenmeßgeräten) oder berührungslos messende optische Sensoren eingesetzt. Die wesentlichen Unterschiede dieser beiden Meßprinzipien sind in Bild 2.2 zusammengefaßt. Die angegebenen Werte beziehen sich auf gängige, kommerziell erhältliche Sensoren, die im Bereich der Flächenrückführung eingesetzt werden.

	taktile Sensoren	optische Sensoren
Meßgenauigkeit	1- 50 µm	25 - 500 µm
Datenrate	0,1 - 100 Meßpunkte / s	1.000 - 50.000 Meßpunkte / s
Vorteile	einfache, robuste Technologie, geringe Einarbeitungszeit	flexible Oberflächen digitalisierbar, kein Tasterradius
Nachteile	Tasterradius, Antastkraft > 0,1 N	Optische Eigenschaften der Modelloberfläche beeinflussen das Meßergebnis

Bild 2.2: Gegenüberstellung der Eigenschaften von optischen und taktilen Sensoren

Für die Flächenrückführung von Designmodellen werden in der Regel Genauigkeiten im Zehntel-Millimeter-Bereich gefordert, da die Designmodelle ohnehin von Hand gefertigt und nicht µ-genau sind. Aus Zeitgründen werden daher zunehmend optische Sensoren für die Digitalisierung eingesetzt.

Ein kurzer Überblick über optische Meßverfahren findet sich in Abschnitt 2.2.2 Auf taktile Sensoren wird hier nicht näher eingegangen. Ausführliche Informationen dazu finden sich in /DUTS90/.

2.2.2 Überblick über optische Meßverfahren

Optische Sensoren die im Bereich der Flächenrückführung eingesetzt werden, arbeiten nach dem Triangulationsprinzip. Mit einer Lichtquelle wird ein Punkt, eine Linie oder ein flächenhaftes Muster auf die Oberfläche des zu digitalisierenden Bauteils projiziert. Durch eine Optik wird das projizierte Muster auf einen Detektor abgebildet, der in einem Winkel von 15 bis 35 Grad (Triangulationswinkel) bezüglich der Lichtquelle steht. Das Meßsystem, bestehend aus Lichtquelle und Detektor, ist in der Regel in einem Gehäuse untergebracht und wird im folgenden als Sensor bezeichnet. Eine Veränderung des Abstands zwischen Bauteil und Sensor bewirkt eine Lageänderung des Lichtmusters auf dem Detektor. Mit Hilfe einer entsprechenden Kalibrierung kann daraus auf die Abstandsänderung zwischen Sensor und Bauteil geschlossen werden.

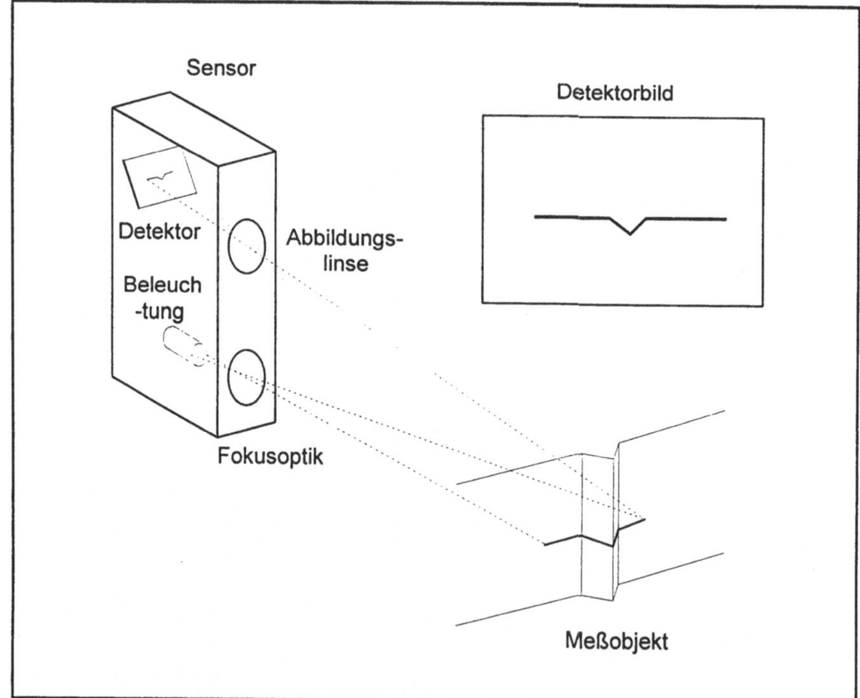

Bild 2.3: Triangulationsprinzip, veranschaulicht anhand des Lichtschnittverfahrens

Punktförmige Digitalisierung (Punkt-Triangulationsverfahren):

Als Lichtquelle dient eine Laserdiode, zur Auswertung der Lage des beobachteten Lichtpunkts im Detektor werden normalerweise Zeilenwandler /RAUH93/ verwendet. Die komplette Oberflächenerfassung erfolgt durch Fixieren des Bauteils auf einem Drehtisch. Während der Rotation des Bauteils führt der Sensor eine langsame Translationsbewegung parallel zur Drehachse des Drehtischs aus, so daß der Lichtpunkt während der Messung die ganze Höhe des Bauteils überstreicht.

Linienförmige Digitalisierung (Lichtschnittverfahren):

Die erforderliche Lichtlinie wird durch Aufweitung eines Laserstrahls mit einer Zylinderlinse oder durch einen schwingenden Spiegel (Laserscanner, flying Spot) erzeugt. Die Erfassung des Lichtmusters im Detektor erfolgt mit einem Flächenwandler /RAUH93/. Der Sensor ist an einem Koordinatenmeßgerät oder an einer Werkzeugmaschine befestigt. Das Bauteil ist ortsfest, bei der Digitalisierung wird der Sensor senkrecht zur Lichtlinie um das Objekt bewegt.

Flächenhafte Digitalisierung:

Mit Hilfe eines LCD-Projektors werden verschiedene Streifenmuster auf die Bauteiloberfläche projiziert und mit einem Flächenwandler aufgenommen. Die 3D-Geometrie der beleuchteten Fläche wird aus den verschiedenen Detektorbildern berechnet. Je nach Art des projizierten Streifenmusters unterscheidet man zwischen dem codierten Lichtverfahren, dem Phasenshift-Verfahren und dem Moire-Verfahren.

Eine ausführliche Beschreibung der oben erwähnten optischen Meßverfahren findet sich in /OBER96/.

2.2.3 Ordnungsinformation in der aufgenommenen Meßpunktmenge

Im Rahmen dieser Arbeit werden unstrukturierte Meßpunktmengen untersucht. Die Sensoren aus dem vorigen Abschnitt erzeugen jedoch Meßpunktmengen mit einer linien- oder flächenhaften Ordnung. Anhand von Beispielen wird in diesem Abschnitt verdeutlicht, warum es trotzdem sinnvoll ist, Algorithmen zur Verarbeitung von unstrukturierten Meßpunktmengen zu entwickeln.

Die flächenhaft messenden Sensoren erzeugen im Idealfall ein Feld von n x n Meßpunkten in Form eines gleichmäßigen orthogonalen Rasters (Bild 2.4a). Diese Ordnungsinformation könnte bei der Verarbeitung der Meßdaten ausgenutzt werden. Man muß jedoch berücksichtigen, daß ein komplexes Objekt aus mehreren Ansichten erfaßt werden muß. Dadurch entstehen im allgemeinen Überlappbereiche zwischen den Meßpunkten in verschiedenen Teilbildern (Bild 2.4b). Nachbarschaftsbeziehungen zwischen Meßpunkten sind in den Überlappbereichen nicht mehr klar definiert. Außerdem können Kanten oder Ausrundungen durch die Aufnahme einer einzigen Ansicht im allgemeinen nicht vollständig erfaßt werden (Bild 2.4c). Berücksichtigt man nur Nachbarpunkte aus dem selben Teilbild zur automatischen Kantenfindung, so wird z. B. die Kante zwischen den zwei digitalisierten Flächen in Bild 2.4c überhaupt nicht gefunden.

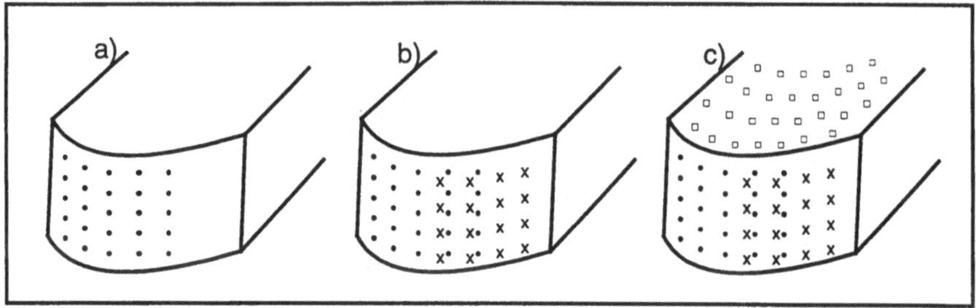

Bild 2.4 a) Meßpunkte in einem orthogonalen Raster
b) Verlust der Ordnungsinformation durch Überlappung zweier Teilbilder
c) Kante zwischen verschiedenen Teilbildern

Erschwerend kommen noch folgende Aspekte hinzu:

- Ein flächenhaft messender Sensor nimmt nur im Idealfall ein Feld von n x n Meßpunkten auf. In der Praxis gibt es in diesem Meßpunktfeld Lücken, da Teile des Bauteils außerhalb des Meßbereichs liegen oder aufgrund der Unzulänglichkeiten des Sensors nicht erfaßt werden können.

- Bei der linienförmigen Vermessung eines Bauteils liegen unter Umständen lediglich Nachbarschaftsbeziehungen zwischen Punkten auf der selben Linie vor, nicht jedoch zwischen Punkten auf verschiedenen Linien.

- Im ungünstigsten Fall können über die Schnittstelle zwischen Sensor und Flächenrückführungssystem lediglich die Punktkoordinaten übertragen werden, nicht jedoch eine Ordnungsinformation.

Die in diesem Abschnitt beschriebenen Randbedingungen führten zu der Entscheidung im Rahmen der vorliegenden Arbeit unstrukturierte Meßpunktmengen zu betrachten, da man dann nicht auf u. U. fehlende Ordnungsinformationen angewiesen ist. Erinnert sei in diesem Zusammenhang nochmals an den Meßdatensatz in Bild 2.1 oben links. Diese Meßdaten wurden mit einem linienförmig messenden Sensor aufgenommen. Durch die Vielzahl der Überlappungen der 20 verschiedenen Teilbilder ist das kaum mehr erkennbar.

2.3 Mathematische Grundlagen für die Flächenbeschreibung

2.3.1 Anpassung von Regelgeometrien durch Ausgleichsrechnung

Weist ein Bauteil, von dem ein Flächenmodell erstellt werden soll, regelgeometrische Bereiche (Ausschnitte aus Ebenen, Kugeln, Zylindern oder Kegeln) auf, so ist es wünschenswert diese Bereiche auch tatsächlich durch regelgeometrische Flächen zu beschreiben. Die Vorgehensweise hierfür wird im folgenden anhand einer Ebene dargelegt.

Die Konstruktion einer Ebene im 3D-CAD-System erfolgt z. B. durch die Identifikation von drei Punkten, die exakt auf dieser Ebene liegen. Im Falle der Flächenrückführung werden vom 3D-Sensor normalerweise eine Vielzahl von Punkte auf einer ebenen Fläche erfaßt. Das Geometrieelement Ebene ist dann mathematisch betrachtet überbestimmt. Man könnte also drei beliebige Meßpunkte auswählen und daraus eine Ebene konstruieren. Allerdings muß man berücksichtigen, daß die Meßpunkte mit Meßfehlern behaftet sind.

Um die Auswirkung von statistischen Meßfehlern auf die Lage der gesuchten Ebene zu minimieren, verwendet man eine Ausgleichsrechnung zur Bestimmung der Ebenengleichung. Dabei werden alle Meßpunkte $P_i = (x_i, y_i, z_i)$, die auf der gesuchten Ebene liegen, durch die Festlegung geeigneter Segmentgrenzen eingekreist. Innerhalb des so definierten Segments erfolgt die Bestimmung der Ebenengleichung durch Minimierung der Summe der mittleren quadratischen Abstände der im Segment enthaltenen Meßpunkte zu einer Ausgleichsebene (Verfahren der minimalen Fehlerquadrate). Im Falle einer Ebene kann dieses Optimierungsproblem folgendermaßen gelöst werden:

Die Funktionsgleichung einer Ebene in Koordinatenform lautet

$$a \cdot x + b \cdot y + c \cdot z + 1 = 0 \qquad\qquad 2.1$$

Der Abstand d_i eines Punktes $P_i = (x_i, y_i, z_i)$ zur Ebene ist durch

$$d_i = \frac{1}{\sqrt{a^2 + b^2 + c^2}} \cdot (a \cdot x_i + b \cdot y_i + c \cdot z_i + 1) \qquad\qquad 2.2$$

gegeben. Der Faktor $\dfrac{1}{\sqrt{a^2 + b^2 + c^2}}$ kann beim Verfahren der minimalen Fehlerquadrate in guter Näherung vernachlässigt werden /GEIS74/. Daher erfolgt die Bestimmung der Ausgleichsebene aus den n Punkten im Segment durch Auswertung der Forderung

$$D_{ges}^2 = \sum_{i=1}^{n} d_i^2 \;\; \propto \;\; \sum_{i=1}^{n} (a \cdot x_i + b \cdot y_i + c \cdot z_i + 1)^2 \stackrel{!}{=} \min. \qquad\qquad 2.3$$

Das Nullsetzen der drei partiellen Ableitungen nach den gesuchten Koeffizienten a, b und c führt zu dem folgenden linearen Gleichungssystem:

$$a \cdot sxx + b \cdot sxy + c \cdot sxz + sx = 0$$
$$a \cdot sxy + b \cdot syy + c \cdot syz + sy = 0 \qquad\qquad 2.4$$
$$a \cdot sxz + b \cdot syz + c \cdot szz + sz = 0$$

mit

$$sxx = \sum_{i=1}^{n} x_i^2 \,, \quad syy = \sum_{i=1}^{n} y_i^2 \,, \quad szz = \sum_{i=1}^{n} z_i^2 \,, \quad sxy = \sum_{i=1}^{n} x_i \cdot y_i \,, \quad sxz = \sum_{i=1}^{n} x_i \cdot z_i \,, \quad syz = \sum_{i=1}^{n} y_i \cdot z_i$$

$$sx = \sum_{i=1}^{n} x_i \,, \quad sy = \sum_{i=1}^{n} y_i \quad \text{und} \quad sz = \sum_{i=1}^{n} z_i \,.$$

Die Lösung von 2.4 läßt sich durch Anwendung der Cramer'schen Regel zu:

$$a = \frac{D_1}{D} \,, \quad b = \frac{D_2}{D} \quad \text{und} \quad c = \frac{D_3}{D} \qquad\qquad 2.5$$

mit

$$D = \begin{vmatrix} sxx & sxy & sxz \\ sxy & syy & syz \\ sxz & syz & szz \end{vmatrix}, \quad D_1 = \begin{vmatrix} -sx & sxy & sxz \\ -sy & syy & syz \\ -sz & syz & szz \end{vmatrix}, \quad D_2 = \begin{vmatrix} sxx & -sx & sxz \\ sxy & -sy & syz \\ sxz & -sz & szz \end{vmatrix} \quad \text{und} \quad D_3 = \begin{vmatrix} sxx & sxy & -sx \\ sxy & syy & -sy \\ sxz & syz & -sz \end{vmatrix}$$

bestimmen.

Die Anpassung von Kugel-, Zylinder- oder Kegelflächen an eine Meßpunktmenge erfolgt analog wie hier für die Ebene beschrieben. Für den Fall einer Ausgleichskugel kann man ebenfalls in guter Näherung das Gleichungssystem zur Bestimmung der gesuchten Kugelparameter (Mittelpunkt und Radius) linearisieren /GEIS74/. Die Anpassung eines Ausgleichszylinders oder eines Ausgleichskegels an die Meßpunktemenge führt zu einem nicht linearen Gleichungssystem zur Bestimmung der beschreibenden Parameter der Ausgleichselemente. Da diese Gleichungssysteme nur mit großem Aufwand numerisch gelöst werden können, benutzt man statt dessen Evolutionsstrategien um durch eine zielgerichtete Suche im Parameterraum schnell die Funktionsgleichungen der Ausgleichselemente bestimmen zu können. Für eine ausführliche Beschreibung dieser Verfahren wird hier auf /SCHW77/ verwiesen.

2.3.2 Mathematische Beschreibung von Freiformflächen

Flächen, die in jedem Punkt eine unterschiedliche Krümmung aufweisen können, werden als Freiformflächen bezeichnet. Im Computer Aided Geometric Design (CAGD) werden zur mathematischen Beschreibung solcher Formen Parameterflächen verwendet /FARI94/. Die folgenden Abschnitte enthalten wesentliche mathematische Grundlagen für die Beschreibung von Parameterflächen.

Das Bild einer stetigen, lokal injektiven (umkehrbaren) Abbildung F eines Gebietes $I_1 \times I_2$ des $\Re^2$ nach $\Re^n$ (in unserem Fall ist n = 3) heißt Fläche, wobei I_1 und I_2 reelle Intervalle darstellen. Die Abbildung F: $I_1 \times I_2 \rightarrow \Re^n$; $(u,v) \rightarrow F(u,v)$ heißt Parameterdarstellung der Fläche, u und v heißen Parameter dieser Darstellung. Die Linien u = const. und v = const. beschreiben ein Netz von Parameterlinien auf der Fläche.

Sind die Funktionen der Parameterdarstellung Polynome, so heißt deren Darstellung "polynomial vom Grad n", wobei n die größte auftretende Potenz des Parameters in der Darstellung ist. Bei Flächen kann der Grad der Polynome in den Parametern u und v unterschiedlich sein. Man spricht dann von einer polynomialen Fläche vom Grad n in u-Richtung und Grad m in v-Richtung. Die im CAGD häufig verwendeten Bezier- oder B-Spline-Flächen lassen sich durch Polynome darstellen. Zum besseren Verständnis der mathematischen Beschreibung dieser Flächen wird zunächst eine einfachere Flächendarstellung, nämlich die Monom-Darstellung beschrieben.

Monom-Darstellung

Die Funktionen m_i : $\Re \rightarrow \Re$; $t \rightarrow t^i$ $\forall i \in N$ werden Monome genannt. Die Monome $m_0 ...,$ m_n bilden eine Basis der Polynome über $\Re$ vom Grad $\leq$ n, da sie linear unabhängig sind und jedes Polynom $P(t)$ vom Grad n als Linearkombination aus Monomen darstellbar ist:

$$P(t) = \sum_{i=0}^{n} a_i \cdot m_i(t) = \sum_{i=0}^{n} a_i \cdot t^i, \quad a_i \in \Re . \qquad 2.6$$

Wählt man für die Koeffizienten a_i keine reellen Zahlen sondern Vektoren $\vec{a}_i \in \Re^3$, so erhält man die Monom-Darstellung einer polynomialen Kurve $\vec{K}(t)$ im $\Re^3$:

$$\vec{K}(t) = \sum_{i=0}^{n} \vec{a}_i \cdot t^i, \quad \vec{a}_i \in \Re^3 \qquad 2.7$$

Entsprechend gilt für die Monom-Darstellung einer polynomialen Fläche $\vec{F}(u,v)$ im $\Re^3$:

$$\vec{F}(u,v) = \sum_{i=0}^{n} \sum_{j=0}^{m} \vec{a}_{ij} \cdot u^i \cdot v^j, \quad \vec{a}_{ij} \in \Re^3.$$

2.8

Die Monom-Darstellung wird zum Beispiel für den Austausch von Freiformflächen zwischen verschiedenen CAD-Systemen über eine VDA-Schnittstelle /VDAF86/ verwendet.

Bezier-Flächen

Zur Beschreibung von Bezier-Flächen werden nicht die Monome selbst mit den Koeffizienten multipliziert sondern die Bernstein-Polynome. Die Bernstein-Polynome $B_i^n(t)$ vom Grad n sind durch

$$B_i^n(t) = \binom{n}{i} \cdot (1-t)^{n-i} \cdot t^i \quad , \quad 0 \le i \le n$$

2.9

gegeben. Die Bernstein-Polynome vom Grad n bilden genau wie die Monome eine Basis für die Polynome vom Grad n. Eine Bezier-Fläche ist gegeben durch:

$$\vec{F}(u,v) = \sum_{i=0}^{n} \sum_{j=0}^{m} \vec{b}_{ij} \cdot B_i^n(u) \cdot B_j^m(v).$$

2.10

Die Koeffizienten $\vec{b}_{ij}$ einer Bezier-Fläche haben eine schöne anschauliche Bedeutung. Trägt man diese Punkte im Raum auf und verbindet sie in der Reihenfolge ihrer Indizes, so entsteht das sogenannte Bezier-Netz, welches die konvexe Hülle der Bezier-Fläche bildet. Die Koeffizienten $\vec{b}_{ij}$ werden auch als Bezier-Punkte bezeichnet. Da sowohl die Bernstein-Polynome als auch die Monome vom Grad n eine Basis für die Polynome vom Grad n bilden läßt sich jede Bezier-Fläche exakt in eine Fläche in Monom-Darstellung umrechnen und umgekehrt.

B-Spline- und NURBS-Flächen

Analog zu den Bezier-Flächen werden auch B-Spline-Flächen durch eine polynomiale Darstellung beschrieben, nur daß es sich bei den verwendeten Polynomen in der Flächenbeschreibung nicht um die Bernstein-Polynome sondern um die sogenannten B-Splines handelt. Bei den NURBS-Flächen (NURBS = Non-Uniform Rational B-Splines) werden zusätzlich zu den Koeffizienten und den B-Splines in der Flächenbeschreibung noch Gewichtungsfunktionen eingeführt. Dadurch erreicht man, daß eine allgemeinere Klasse von Flächen beschrieben werden kann, die unter anderem auch Quadriken enthält. Eine exakte Beschreibung von Quadriken ist mit Bezier- und B-Spline-Flächen nicht möglich. Für eine ausführliche Darstellung von B-Spline- und NURBS-Flächen sei hier auf /AUMA93/ oder /FARI94/ verwiesen.

2.4 Kommerzielle Software für die Flächenrückführung

Herkömmliche 3D-CAD-Systeme sind nicht in der Lage die großen Mengen von Meßpunkten zu verarbeiten, die von den heute verfügbaren 3D-Sensoren erzeugt werden können. CAD-Systeme sind dafür ausgelegt, eine begrenzte Anzahl von Punkten, Kurven, Flächen und Volumina zu verarbeiten und zu visualisieren, nicht aber einige zehn- oder gar hunderttausend Meßpunkte. Aus diesem Grund setzte etwas zeitverzögert zu den Fortschritten in der 3D-Sensorik die Entwicklung von sogenannten Flächenrückführungssystemen ein. Es handelt sich dabei um Softwaresysteme, die speziell für die Erzeugung von Flächenmodellen aus großen Mengen von 3D-Meßpunkten ausgelegt sind /BCT94/, /DELC96/, /IMAG95/, /INTI96/, /IPA95/, /MATR95/, /TEBI96/. Aufgrund der Anforderungen an Hauptspeicher und Rechenleistung wurden fast alle Flächenrückführungssysteme für Workstations unter dem Betriebssystem UNIX entwickelt.

Zum Leistungsumfang der meisten Flächenrückführungssysteme gehören folgende Funktionen:

- Manipulationsmöglichkeiten der 3D-Meßpunktmenge wie z.B. Glätten, Ausdünnen, Skalieren, Transformieren und Löschen von Teilbereichen durch interaktive Definition eines Fangzauns

- Berechnung von achsparallelen oder beliebig orientierten Schnitten durch die Meßpunktmenge

- Erzeugung von regelgeometrischen Elementen (Ebene, Kugel, Zylinder oder Kegel) durch interaktive Definition eines Segments und Besteinpassung des gewählten Geometrieelements an die darin enthaltenen Meßpunkte

- Interaktive Erzeugung von Freiformflächen (NURBS-, B-Spline- oder Bezier-Flächen, je nach System) aus unstrukturierten Meßpunktmengen oder auf der Basis von Schnittlinien

- Analysefunktionen zur Bestimmung der Qualität der Meßpunkte und der erzeugten Flächen

In einigen Flächenrückführungssystemen findet man zusätzlich folgende Optionen:

- Erzeugung von Freiformflächen durch Lofting, Sweeping, Blending oder Rotation von Freiformkurven

- Berechnung von geschlossenen facettierten Oberflächenbeschreibungen für den Betrieb von Rapid Prototyping Anlagen

- Berechnung der Tasterradiuskorrektur für Meßpunkte von taktilen Sensoren

Ansätze zur Beschleunigung der Flächenrückführung durch eine Benutzerunterstützung bei der Segmentierung der Meßpunktmenge sind in kommerziellen Systemen nur rudimentär vorhanden. Sie beruhen alle auf einer wohldefinierten Ordnung der Meßpunktmenge, die z.B. die Verwendung eines speziellen Sensors voraussetzt oder Einschränkungen bezüglich der Bauteilgeometrie auferlegt. Daher erfolgt die Segmentierung der Meßpunktmenge weitgehend manuell durch zeitaufwendige, interaktive Definition der Segmentgrenzen.

2.5 Automatisierungsansätze für die Flächenrückführung in der Literatur

In Abschnitt 2.1 wurde der Prozeß der Flächenrückführung in die vier Unterpunkte: Segmentierung, Flächenerzeugung, Flächenprüfung und Flächenoptimierung aufgeteilt. Einen Großteil des Zeitaufwands bei der Flächenrückführung beansprucht die interaktive Definition von sinnvollen Segmentgrenzen in der Meßpunktmenge. Liegt die Segmentierung fest, so können die Flächen an die Meßpunkte weitgehend automatisch angepaßt werden. Je nach Komplexität des Bauteils und Anforderungen an die Flächenqualität ist die Flächenprüfung und -optimierung dann wieder mehr oder weniger zeitaufwendig. Gemäß der Thematik der vorliegenden Arbeit wird in diesem Abschnitt speziell auf bestehende Automatisierungsmethoden für die Segmentierung von 3D-Meßpunktmengen eingegangen.

Die in der Literatur vorhandenen Automatisierungsansätze für die Segmentierung von 3D-Meßpunktmengen lassen sich in zwei Klassen aufteilen, die in den folgenden Abschnitten näher erläutert werden.

2.5.1 Automatisierungsansätze für Meßpunktmengen mit bekannter Ordnung

Die hier beschriebenen Methoden sind zumeist aus der Bildverarbeitung abgeleitet. Sie setzen eine Ordnung der Meßpunkte in einem orthogonalen Raster der Form $z = z(x,y)$ voraus, wobei z lediglich diskrete Werte annehmen kann und x und y aus einem Feld von z.B. 512 x 512 äquidistanten Werten stammen. Jeder nicht auf dem Rand des Feldes liegende Meßpunkt $z_{i,k} = z(x_i, y_k)$ hat genau acht nächste Nachbarn. Für die rechnerinterne Darstellung der Punktkoordinaten werden zweidimensionale Felder verwendet. Der Zugriff auf einen Punkt und seine Nachbarn kann direkt über das Auslesen der entsprechenden Feldinhalte erfolgen. Diese Ordnung der Meßpunkte wird z.B. von einem Sensor der nach dem codierten Lichtverfahren arbeitet erzeugt, falls ein Objekt nur von einer Seite aufgenommen wird und alle Bildpunkte ausgewertet werden.

Unter dem Stichwort "range image segmentation" findet man in der Literatur Algorithmen für die Segmentierung dieser "geordneten" Meßpunktmengen. Die Algorithmen wurden hauptsächlich für die Objekterkennung und Lagebestimmung in der Robotik entwickelt und lassen sich in drei Klassen aufteilen:

Kantenorientierte Algorithmen:

Mit diesen Algorithmen werden Stellen im Meßpunktraster identifiziert, an denen eine Sprungkante (step edge) oder eine scharfe Kante (fold edge) vorliegt. Hierzu werden Operatoren zur Berechnung des Abstands von Nachbarpunkten, zur Berechnung von Knickwinkeln oder zur Bestimmung von Stellen mit maximaler Krümmung auf das Meßpunktraster angewandt. Das Ergebnis dieser Operationen sind sogenannte kritische Punkte, an denen eine Kante vorliegen kann. Die Bereiche mit kritischen Punkten des gleichen Kantentyps werden zunächst auf die Breite von einem Pixel ausgedünnt und dann zu einer Kantenlinie verbunden. Im Anschluß daran werden die verschiedenen Kantenlinien miteinander kombiniert, und es wird versucht, geschlossene Segmente zu definieren /WANI94/, /BOUL92/, /GEOR90/, /TATE90/, /FAN87/, /HOFF87/. Eine Segmentierung von Ausrundungen ist mit dieser Methode nicht möglich.

Bereichsorientierte Algorithmen:

Im Gegensatz zu den kantenorientierten Algorithmen, die direkt versuchen sinnvolle Segmentgrenzen zu detektieren, gehen die bereichsorientierten Algorithmen anders vor. Hier werden um einen "Keimmeßpunkt" herum eine Menge von Punkten in einem Segment vereinigt, die ähnliche lageinvariante Eigenschaften besitzen. Die Ortskoordinaten eines Objekts (Ausgangsfunktion) und die Lage der Tangentialebene (erste partielle Ableitungen) in einem Punkt auf der Objektoberfläche sind immer abhängig von der Lage und Orientierung eines Objekts im Raum bzw. im Koordinatensystem. Die zweiten partiellen Ableitungen der Ortsfunktion hingegen sind unabhängig von der Lage und Orientierung eines Objekts. Anschaulich sind die zweiten partiellen Ableitungen an einer Stelle auf der Objektoberfläche mit der lokalen Krümmung an dieser Stelle verbunden. Als lageinvariante Eigenschaften werden also in jedem Punkt des Meßpunktrasters die mittlere Krümmung und die Gauß'sche Krümmung berechnet. Anschließend wird versucht, die Meßpunkte mit ähnlichen Krümmungseigenschaften um einen "Keimmeßpunkt" zu einem Segment zu gruppieren /TRUC95/, /BOYE94/, /FLYN89/.

In einigen Veröffentlichungen werden Möglichkeiten vorgestellt, wie Objekte, deren Gestalt im Rechner bereits bekannt ist (gegeben durch eine analytische Beschreibung der Oberfläche), automatisch im Meßdatensatz gefunden werden können (Objekterkennung). Von diesen Objekten werden dann ebenfalls invariante Größen wie z.B. die mittlere und die gauß'sche Krümmung berechnet. Im Anschluß daran wird versucht, gleiche Krümmungsstrukturen in den Meßpunkten zu finden, wie man sie aus der analytischen Gleichung bestimmt hat. Die meisten dieser Algorithmen sind auf regelgeometrische Objekte (Quadriken) beschränkt /SHUM95/, /QUEK93/, /WANG92/. In /HEBE95/ wird eine Methode vorgestellt, mit der freigeformte Bereiche mit bekannter Geometrie im Meßpunktraster gefunden werden können.

Die Problematik der hier vorgestellten bereichsorientierten Algorithmen ist, daß Lücken zwischen den einzelnen Segmenten übrigbleiben. Die im Übergangsbereich zwischen verschiedenen Geometrieelementen aufgenommenen Meßpunkte lassen sich aufgrund ihrer Krümmungswerte zu keinem der angrenzenden Segmente zuordnen. Die für die Flächenrückführung interessanten Segmentgrenzen lassen sich mit dieser Methode daher nicht genau bestimmen.

Kombination von kantenorientierten und bereichsorientierten Algorithmen:

Um die Vorteile von beiden oben geschilderten Methoden zu kombinieren, kam schon bald die Idee auf, die kantenorientierten Algorithmen mit den bereichsorientierten Algorithmen zu kombinieren. Bei dieser Kombination werden zunächst die Sprungkanten und die scharfen Kanten aus dem Meßpunktraster extrahiert. Diese Kantenlinien bilden dann Grenzen, die bei der nachfolgenden bereichsorientierten Segmentierung nicht überschritten werden dürfen /TRUC92/, /BHAN92/, YOKO89/.

2.5.2 Automatisierungsansätze für unstrukturierte Meßpunktmengen

Verglichen mit den Automatisierungsmethoden zur Verarbeitung von geordneten Meßpunktmengen wurden die unstrukturierten Meßpunktmengen bisher in der Literatur eher stiefmütterlich behandelt. Dies hat vermutlich mehrere Gründe:

- Es gibt erst seit wenigen Jahren optische Sensoren, die Objekte von mehreren Seiten digitalisieren können und die Meßpunkte der verschiedenen Teilbilder gleich richtig zu einer einheitlichen, aber im allgemeinen unstrukturierten, Meßpunktmenge zusammensetzen.

- Der Begriff der Nachbarpunkte ist in unstrukturierten Meßpunktmengen nicht mehr klar definiert (siehe Kapitel 4). Man hat nicht mehr wie im vorigen Abschnitt jeweils acht nächste Nachbarpunkte zu einem vorgegebenen Meßpunkt.

- Aufgrund von möglichen Hinterschneidungen gibt es im allgemeinen keine Vorzugs- bzw. Projektionsrichtung in der Meßpunktmenge. Eine Darstellung der Meßpunktmenge in der Form z = z(x,y) ist normalerweise nicht möglich.

Aufgrund dieser Randbedingungen sind die im vorigen Abschnitt beschriebenen Algorithmen zur Berechnung charakteristischer Eigenschaften der Meßpunkte (Knickwinkel, mittlere und Gauß'sche Krümmung...) in unstrukturierten Meßpunktmengen nicht mehr ohne weiteres anwendbar. Zur Verarbeitung unstrukturierter Meßpunktmengen müssen daher neue Methoden zur Berechnung dieser Eigenschaften entwickelt und implementiert werden.

Die in der Literatur vorgestellten Algorithmen zur automatischen Verarbeitung von ungeordneten Meßpunktmengen lassen sich in zwei Gruppen klassifizieren:

Methoden zur automatischen Triangulierung:

Bei den Algorithmen zur automatischen Triangulierung von 3D-Meßpunktmengen handelt es sich um Erweiterungen der aus dem zweidimensionalen bekannten Delauney-Triangulierung /WATS81/. Ausgehend von einem Startdreieck wird derjenige Punkt in einer Torusumgebung um den Mittelpunkt einer Dreieckskante gesucht, der durch Verbindung mit den Endpunkten dieser Dreieckskante zu einer lokal optimalen Triangulierung führt. Dieser Vorgang wird solange wiederholt, bis alle möglichen Dreiecke im Datensatz gebildet wurden. Somit entsteht eine facettierte Flächenbeschreibung in Form eines Polyedernetzes, das aus vielen kleinen Dreiecken besteht /WINK95/, /HOPP94/, /DYN93/.

Diese facettierte Flächenbeschreibung kann zur Berechnung von Schnittlinien, zur Erzeugung von STL-Files für Rapid Prototyping Technologien oder zur Ableitung von topologischen Eigenschaften der Meßpunktmenge genutzt werden /KNOR95/, /KNOR96-1/. Eine automatische Extraktion von Kanten aus der facettierten Oberflächenbeschreibung ist theoretisch möglich, wurde aber in der Literatur noch nicht gefunden.

Methoden zur automatischen Regelgeometrieextraktion

Einige Veröffentlichungen beschäftigen sich mit der automatischen Regelgeometrieextraktion aus unstrukturierten Meßpunktmengen. Im Gegensatz zu den Verfahren in 2.5.1 wird nicht versucht, Regelgeometrien über Krümmungsanalysen zu finden sondern es wird ein anderer Weg eingeschlagen, der keine Ordnung in der Meßpunktmenge voraussetzt:

- An neun zufällig aus der Meßpunktmenge ausgewählten Punkten wird eine Quadrik angepaßt.

- Alle anderen Meßpunkte werden auf Ihren Abstand zur gefundenen Quadrik hin untersucht.

- Die Anzahl der Meßpunkte innerhalb eines vorgegebenen Maximalabstands von der Quadrik ist das Maß für eine Qualitätsfunktion dieser Regelgeometrieanpassung.

- Durch einen genetischen Algorithmus, der die Auswahl der neun Meßpunkte zur Erzeugung der Quadrik verändert, wird versucht, eine Quadrik mit optimaler Qualitätsfunktion zu finden.

- Die Meßpunkte, die innerhalb des Maximalabstands von der "besten" Quadrik liegen, werden aus der Meßpunktmenge entfernt, und die beste Quadrik wird als gefundene Regelgeometrie gespeichert. Anschließend wird der Algorithmus von neuem gestartet.

Gemäß /ROTH94/, /YU94/, /ROTH93/ ermöglicht diese Methode eine automatische Extraktion von Regelgeometrien aus unstrukturierten Meßpunktmengen, die stabil bezüglich Ausreißern ist.

2.6　Defizite vorhandener Automatisierungsansätze

Wie in Abschnitt 2.2.3 beschrieben, liegt bei der Digitalisierung komplexer Objekte für die Flächenrückführung im allgemeinen keine einheitliche Ordnung in der 3D-Meßpunktmenge vor. Die für die Automatisierungsansätze in Abschnitt 2.5.1 geforderte Ordnung der Meßpunkte in einem orthogonalen Raster läßt sich in der Regel auch nicht rechnerisch erzeugen, da Hinterschneidungen vorhanden sein können.

Die in 2.5.2. vorgestellten Algorithmen zur automatischen Regelgeometrieextraktion können eingesetzt werden, um automatisch Ebenen oder Zylinder aus der Meßpunktmenge zu extrahieren. Die Bestimmung von Radiusauslauflinien an Ausrundungen, die sich - wie häufig bei der Flächenrückführung - längs einer beliebigen Raumkurve erstrecken, ist dagegen nicht möglich. Daher sind die Anwendungsmöglichkeiten dieser Algorithmen für eine Automatisierung der Flächenrückführung stark begrenzt.

Es fehlen also effiziente, leistungsfähige Algorithmen zur Benutzerunterstützung bei der Segmentierung von Meßpunktmengen für die Flächenrückführung. Diese Algorithmen wurden im Rahmen der vorliegenden Arbeit entwickelt und implementiert.

Kapitel 3

Bedeutung von Kanten und Radiusauslauflinien für die Flächenrückführung

3.1 Begriffsdefinition

In der einschlägigen Literatur zur Verarbeitung von 3D-Meßpunktmengen wird der Begriff "Kante" als Oberbegriff für die drei Spezialfälle "Sprungkante", "Scharfe Kante" und "Ausrundung" verwendet /FAN87/, /HOFF87/. Die folgenden Abschnitte enthalten eine Erklärung dieser Begriffe. Bild 3.1 zeigt Beispiele der verschiedenen Kantentypen.

Sprungkanten (Step edges):

Sprungkanten treten auf, wenn man ein Bauteil aus einer bestimmten Richtung betrachtet. Es handelt sich um Diskontinuitäten im Tiefenbereich des erfaßten Bildes, die durch Verschattungen gewisser Bereiche des Bauteils verursacht werden. Die Lage der Sprungkanten ist abhängig von der gewählten Blickrichtung. Sprungkanten stellen somit keine betrachtungsinvarianten, charakteristischen Merkmale eines Bauteils dar.

Sprungkanten in Meßpunktmengen:

Sprungkanten spielen bei der automatischen Erkennung von Bauteilen in der Robotik eine wichtige Rolle. Mit einem flächenhaft messenden 3D-Sensor (siehe Abschnitt 2.2.2) wird ein Meßpunktraster der Form $z = z(x,y)$ einer vorliegenden Szene aufgenommen. Durch automatische Bestimmung der Sprungkanten können im Rechner gespeicherte Bauteile erkannt und ihre Orientierung bestimmt werden. Im Meßpunktraster liegt eine Sprungkante vor, falls z.B. $\Delta z = z(x_i , y_j) - z(x_i , y_{j+1})$ einen bestimmten Schwellwert übersteigt.

Da Sprungkanten keine betrachtungsinvarianten Merkmale eines Bauteils darstellen, sind sie für die Flächenrückführung von untergeordneter Bedeutung und werden daher im Rahmen der vorliegenden Arbeit nicht näher betrachtet.

Scharfe Kanten (Fold edges):

Scharfe Kanten entsprechen einer linienförmigen Diskontinuität der Flächennormalen eines Bauteils. Mathematisch sind sie durch einen Sprung in einer der partiellen Ableitungen der Funktionsgleichung der Oberfläche charakterisiert.

Scharfe Kanten in Meßpunktmengen:

In Meßpunktmengen liegen nur diskrete, punktweise Informationen über die Objektoberfläche vor. Daher findet man bei benachbarten Meßpunkten immer eine Diskontinuität (Richtungsänderung) der zugehörigen Normalenvektoren. Allerdings ist die Richtungsänderung der Normalenvektoren besonders groß, falls zwischen den betrachteten Meßpunkten eine scharfe Kante verläuft. Eine scharfe Kante in einer Meßpunktmenge liegt also dann vor, falls der Betrag des Differenzvektors der Normalenvektoren zweier benachbarter Punkte einen bestimmten Schwellwert übersteigt.

Scharfe Kanten werden in dieser Arbeit im folgenden der Einfachheit halber auch als "Kanten" bezeichnet.

Ausrundungen (Smooth edges):

Eine Ausrundung stellt einen länglichen Bereich der Bauteiloberfläche dar, in dem ein lokales Maximum der Krümmung vorliegt. Normalerweise entstehen Ausrundungen dadurch, daß zwei schwach gekrümmte Flächen tangentenstetig mit einer stark gekrümmten Fläche verbunden werden. Da der Querschnitt der stark gekrümmten Fläche häufig einen Kreisausschnitt darstellt, werden die Linien, an denen die verschiedenen Flächen tangentenstetig ineinander übergehen auch als **Radiusauslauflinien** bezeichnet. Ihre Lage ist durch starke Änderungen bzw. Sprünge der Krümmungswerte charakterisiert.

Die Krümmung eines Flächenpunktes ist eine richtungsabhängige Größe. Betrachtet man z.B. einen beliebigen Punkt auf einem Zylinder, so ist die Krümmung k_1 in Richtung der Zylinderachse null, während die Krümmung k_2 quer zur Zylinderachse dem Kehrwert des Zylinderradius entspricht. Diese zwei Werte werden als Hauptkrümmungen bezeichnet, sie stellen die minimale und maximale Krümmung dieses Punktes dar. In der Differentialgeometrie werden die Hauptkrümmungen eines Flächenpunktes aus der ersten und zweiten Fundamentalform dieser Fläche berechnet /AUMA93/. Aus den Hauptkrümmungen kann gemäß $k_{avg} = (k_1+k_2)/2$ die mittlere Krümmung k_{avg} dieses Punktes berechnet werden.

Ausrundungen in Meßpunktmengen:

In einem Meßpunktraster kann die maximale, minimale und mittlere Krümmung jedes Meßpunkts gemäß /HOFF87/ berechnet werden, falls in jedem Meßpunkt der lokale Normalenvektor bekannt ist:

$$k_{max} = \max_{\Omega(P_i)} \; [\; k(i,j) \;],$$

$\qquad\qquad\qquad\qquad$ 3.1

$$k_{avg} = \frac{1}{|\Omega(P_i)|} \cdot \sum_{q \in \Omega(P_i)} k(i,j),$$

$\qquad\qquad\qquad\qquad$ 3.2

$$k_{min} = \min_{q \in \Omega(P_i)} \; [\; k(i,j) \;],$$

$\qquad\qquad\qquad\qquad$ 3.3

$$\text{mit: } k(i,j) = \frac{|\vec{n}_i - \vec{n}_j|}{|\vec{x}_i - \vec{x}_j|},$$

$\qquad\qquad\qquad\qquad$ 3.4

wobei P_i mit den Koordinaten $\vec{x}_i$ den Ausgangspunkt für die Krümmungsbestimmung und $\vec{x}_j$ einen seiner Nachbarpunkte bezeichnet. $\vec{n}_i$ und $\vec{n}_j$ stehen für die Normalenvektoren in $\vec{x}_i$ beziehungsweise in $\vec{x}_j$. Mit $\Omega(P_i)$ wird die Menge der Nachbarpunkte von P_i bezeichnet.

Bei der Berechnung der Krümmungen gemäß Formel 3.4 wird ein Differenzenquotient verwendet. Ein Differenzenquotient entspricht der Berechnung einer Ableitung für diskrete Punkte. Diese Operation hat die Charakteristik eines starken Hochpaßfilters und verstärkt somit das vorhandene statistische Rauschen. Über eine zuverlässige Bestimmung der Radiusauslauflinien anhand von Krümmungsänderungen in der Meßpunktmenge wurde daher in der Literatur noch nicht berichtet.

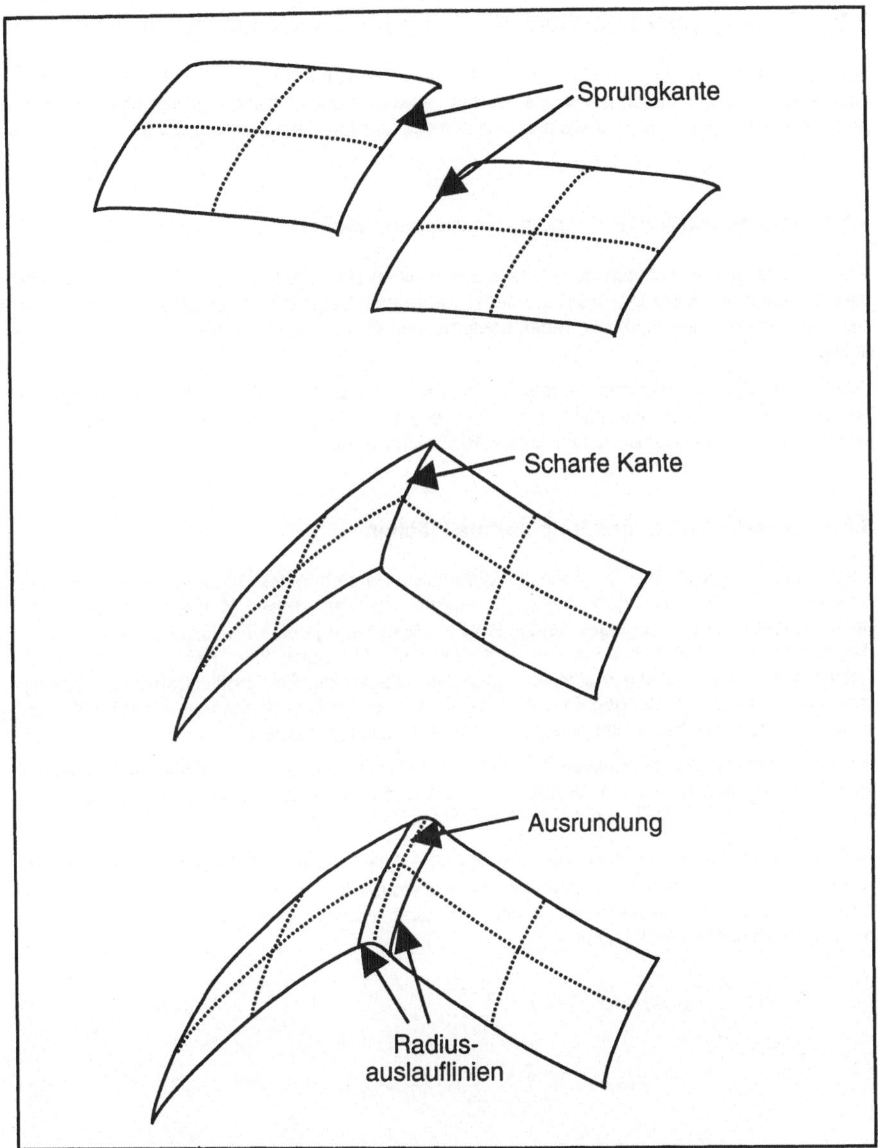

Bild 3.1: Sprungkante, scharfe Kante und Ausrundung zwischen zwei Flächen

3.2 Bedeutung von scharfen Kanten für die Flächenrückführung

In diesem Abschnitt wird die Bedeutung von scharfen Kanten als Segmentgrenzen für die Flächenrückführung beschrieben. Es werden sowohl scharfe Kanten in regelgeometrisch geformten Bereichen des Bauteils als auch in freigeformten Bereichen betrachtet.

3.2.1 Scharfe Kanten und regelgeometrische Flächen

Enthält ein regelgeometrisch geformter Bereich eines Bauteils eine scharfe Kante, so muß bei der Flächenrückführung exakt an dieser Kante eine Segmentgrenze erzeugt werden, da kein analytisch beschreibbarer regelgeometrischer Grundkörper existiert, der eine Kante aufweist.

Wählt man die Segmentgrenze falsch, so daß bei der Ausgleichsrechnung Meßpunkte berücksichtigt werden, die nicht auf dem gesuchten Regelgeometrieelement liegen, so entstehen Fehler bei der Berechnung des Ausgleichselements.

3.2.2 Scharfe Kanten und freigeformte Flächen

Liegt eine scharfe Kante in einem freigeformten Bereich eines Bauteils vor, so ist die Notwendigkeit der Erzeugung einer Segmentgrenze an dieser Kante nicht so leicht nachvollziehbar wie im regelgeometrischen Fall. Man kann ja eine Freiformfläche erzeugen, die sich über die Kante spannt. Um nachzuweisen, daß damit kein gutes Ergebnis erzielt werden kann, wird auf die mathematischen Grundlagen der Freiformflächen-Beschreibung aus Abschnitt 2.3.2 zurückgegriffen. Das Verhalten von Freiformflächen an scharfen Kanten wird der Einfachheit halber anhand der Monom-Darstellung erläutert.

An einer scharfen Kante müssen die Normalenvektoren gemäß oben stehender Definition eine Diskontinuität aufweisen. Wählt man keine Segmentgrenze an der scharfen Kante so muß diese Diskontinuität innerhalb der Freiformfläche auftreten.

Die Normalenvektoren $\vec{n}(u,v)$ von Punkten auf einer Freiformfläche werden durch das Kreuzprodukt der partiellen Ableitungen der Parameterdarstellung der Fläche nach u und nach v gebildet, da die partiellen Ableitungen zwei linear unabhängige Tangentenvektoren der Fläche darstellen /AUMA93/.

$$\vec{n}(u,v) = \frac{\partial}{\partial u}\vec{F}(u,v) \times \frac{\partial}{\partial v}\vec{F}(u,v) = \left(\sum_{i=1}^{n}\sum_{j=0}^{m} i\,\vec{a}_{ij}\cdot u^{i-1}\cdot v^{j}\right) \times \left(\sum_{k=0}^{n}\sum_{l=1}^{m} l\,\vec{a}_{kl}\cdot u^{k}\cdot v^{l-1}\right)$$

$$\vec{n}(u,v) = \sum_{i=1}^{n}\sum_{j=0}^{m}\sum_{k=0}^{n}\sum_{l=1}^{m} i\cdot l\cdot\left(\vec{a}_{ij}\times\vec{a}_{kl}\right)\cdot u^{i+k-1}\cdot v^{j+l-1} \qquad\qquad 3.5$$

Anmerkung:

Auf eine Normierung von $\vec{n}(u,v)$ wurde aus Gründen der Übersichtlichkeit verzichtet, da die Normierung lediglich die Länge des Vektors, nicht jedoch seine Richtung verändert.

Das Kreuzprodukt der konstanten Koeffizientenvektoren $\vec{a}_{ij}\times\vec{a}_{kl}$ ergibt wiederum einen von u und v unabhängigen Vektor. i und l bezeichnen natürliche Zahlen. Somit ist der Normalenvektor $\vec{n}(u,v)$ in einem beliebigen Punkt $P(u,v)=\vec{F}(u,v)$ auf der Fläche in Formel

3.5 durch ein polynomiale Darstellung der Variablen u und v gegeben. Polynome sind stetige Funktionen, daher können die Normalenvektoren einer polynomialen Freiformfläche keine Diskontinuität aufweisen.

Innerhalb einer polynomial dargestellten Freiformfläche kann also keine scharfe Kante erzeugt werden. Zur Nachbildung der scharfen Kante des Bauteils im Flächenmodell muß eine Segmentgrenze an der scharfen Kante im Meßdatensatz erzeugt werden. Eine fehlende Segmentgrenze an einer scharfen Kante führt zwangsläufig zu einem nicht kontrollierbaren Flächenverlauf in diesem Bereich. Das gleiche gilt natürlich auch, falls die Segmentgrenze nicht exakt an der Kante gewählt wird. Der Einfluß einer fehlenden Segmentgrenze an einer scharfen Kante auf die Qualität der entstehenden Freiformflächen ist in Bild 3.2 gezeigt.

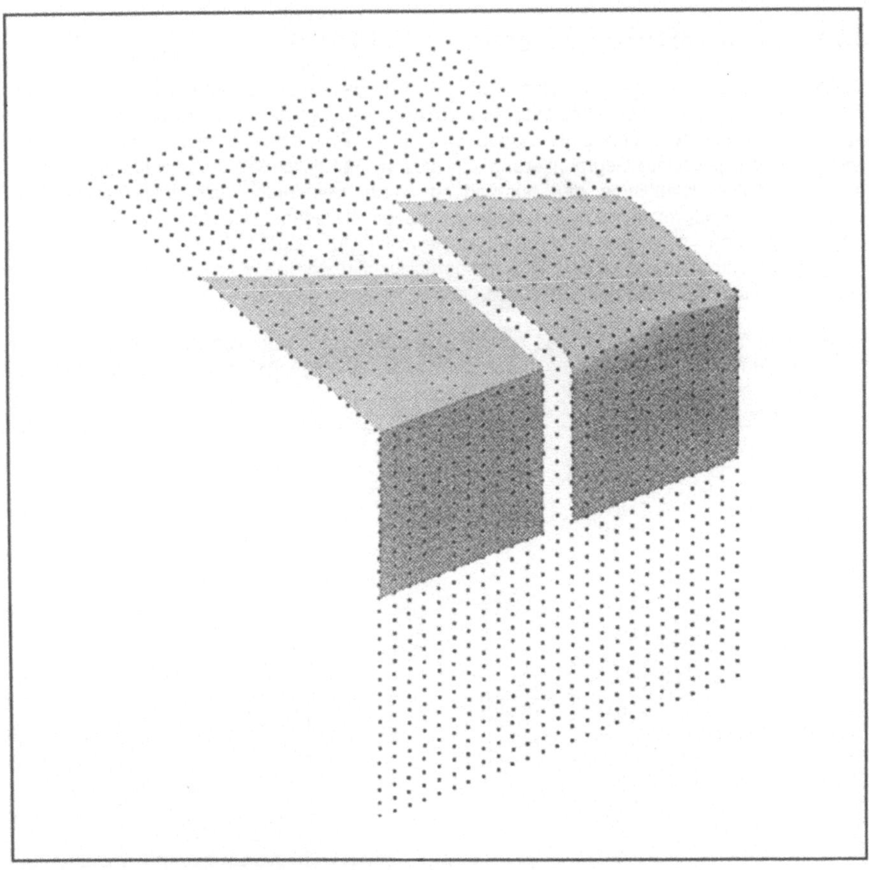

Bild 3.2: *Freiformflächen an einer scharfen Kante.*
Links: Zwei Freiformflächen mit einer Segmentgrenze an der Kante.
Rechts: Fehlende Segmentgrenze, eine Freiformfläche zieht sich über die Kante.

Um eine optimale Übereinstimmung des zu erzeugenden Flächenmodells mit dem Bauteil zu gewährleisten muß daher sowohl bei scharfen Kanten in regelgeometrisch geformten als auch in freigeformten Bereichen des Bauteils eine Segmentgrenze erzeugt werden.

3.3 Bedeutung von Radiusauslauflinien für die Flächenrückführung

Analog zum vorigen Abschnitt werden auch hier Ausrundungen - und somit Radiusauslauflinien - in regelgeometrischen und freigeformten Bereichen des Bauteils getrennt betrachtet.

3.3.1 Ausrundungen und regelgeometrische Flächen

Bei Ausrundungen in regelgeometrischen Bereichen des Bauteils handelt es sich z.B. um einen Ausschnitt aus einer Zylinderfläche zwischen zwei Ebenen oder um einem Ausschnitt aus einem Torus zwischen einer Ebene und einem Zylinder. Analog zu Abschnitt 3.2.1 können durch geeignete Segmentierung - in diesem Fall durch Wahl von Segmentgrenzen an den Radiusauslauflinien der Ausrundung - die gesuchten Ausgleichselemente zur bestmöglichen Approximation der Meßpunktmenge berechnet werden. Wählt man die Segmentgrenzen so, daß z.B. Meßpunkte die auf einer Ebene liegen für die Ausgleichsrechnung der Zylinderfläche mit berücksichtigt werden, dann entstehen Fehler bei der Bestimmung der Ausgleichselemente.

Wie in Bild 3.3 zu sehen, ist das exakte interaktive Anwählen von Segmentgrenzen an Radiusauslauflinien aufgrund des tangentenstetigen Übergangs zwischen den einzelnen Geometrieelementen sehr schwierig.

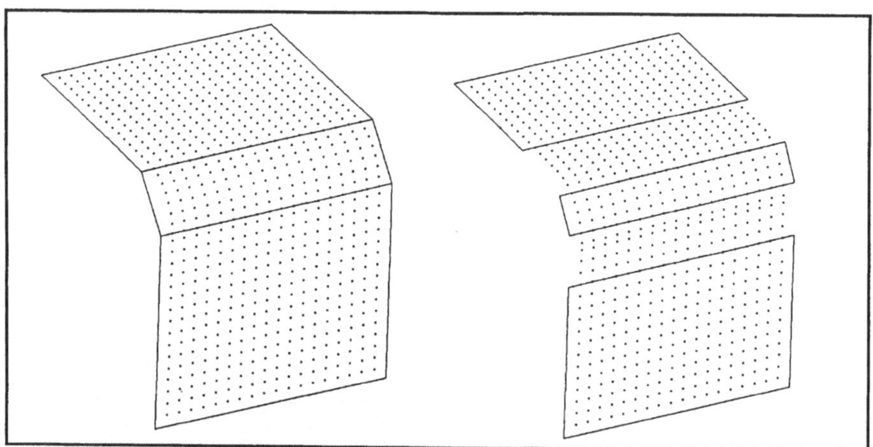

Bild 3.3: Segmentgrenzen an Radiusauslauflinien.
  Links: Richtige Wahl der Segmentgrenzen.
  Rechts: Wahl von kleineren Segmenten.

Oftmals behilft man sich daher mit einer Festlegung von kleineren Segmenten und nimmt den Nachteil in Kauf, daß die berechneten Ausgleichselemente, aufgrund der kleineren Meßpunktmenge, die für die Ausgleichsrechnung zugrundegelegt werden kann, stärker fehlerbehaftet sein können.

Selbst wenn man die Segmentgrenzen exakt an den Radiusauslauflinien wählt, tritt das Problem auf, daß sich die verschiedenen Ausgleichselemente aufgrund von kleinen Meßunsicherheiten in den Meßpunkten, an den Radiusauslauflinien nicht stetig oder tangentenstetig zusammenfügen lassen. Die hierfür notwendige Funktionalität der Anpassung eines Ausgleichszylinders unter der Randbedingung des tangentenstetigen Übergangs in zwei angrenzende Ausgleichsebenen, ist in Flächenrückführungssystemen nicht vorhanden. In der Praxis werden zwei Wege eingeschlagen, um dieses Problem zu umgehen:

1. Vom Ausgleichszylinder wird lediglich der Radius verwendet, um mit einer Standard-CAD-Funktionalität eine Ausrundungsfläche mit konstantem Radius zwischen den beiden berechneten Ausgleichsebenen zu erzeugen. Die Wahl von kleineren Segmenten, wie in Bild 3.3 rechts zu sehen empfiehlt sich dabei nicht, da sonst der Zylinderradius nur mit einer geringen Genauigkeit bestimmt werden kann. Bei einer Ausrundung mit kleinem Radius liegen ohnehin nur wenige Meßpunkte auf der Ausrundung selbst vor.

2. Es wird keine Zylinderfläche an die Meßpunkte auf der Ausrundung angepaßt, sondern eine Freiformfläche, bei der die Forderung des stetig differenzierbaren Übergangs in die zwei angrenzenden Ausgleichsebenen berücksichtigt werden kann. Hierbei ist ein exaktes Anwählen von Segmentgrenzen an den Radiusauslauflinien der Ausrundung erforderlich.

In beiden Fällen ist somit die exakte Erzeugung von Segmentgrenzen an den Radiusauslauflinien entscheidend für die Qualität des entstehenden Flächenmodells.

3.3.2 Ausrundungen und freigeformte Flächen

Analog zur Segmentierung von scharfen Kanten in Abschnitt 3.2.2 stellt sich auch bei Ausrundungen in freigeformten Bereichen des Bauteils die Frage, ob eine Ausrundung als eigenständiges Segment definieren werden muß oder ob eine einzige Freiformfläche an einen Bereich der Meßpunktmenge angepaßt werden kann, der eine Ausrundung zwischen zwei schwach gekrümmten Flächen enthält. Die Wahl einer Segmentgrenze in der Mitte der Ausrundung wäre ebenfalls denkbar.

An den Radiusauslauflinien liegt im allgemeinen ein Sprung der maximalen Krümmung vor. Der Einfachheit halber wird dieser Sachverhalt in Bild 3.4 anhand einer zylindrischen Ausrundung zwischen zwei Ebenen gezeigt. Dargestellt ist der Krümmungsverlauf quer zur Achse der Ausrundungsfläche.

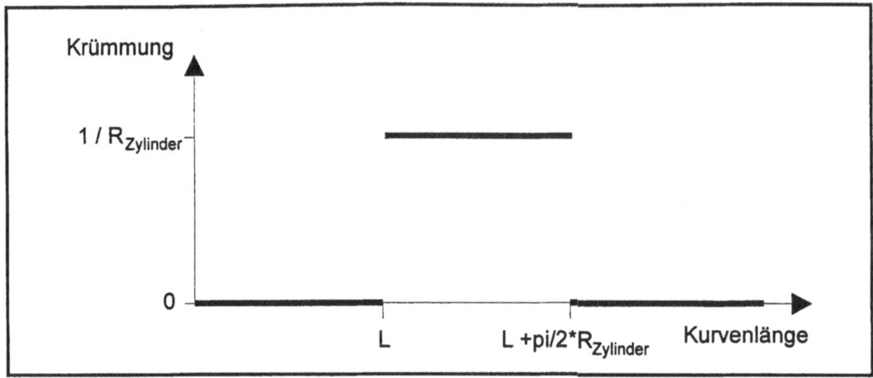

Bild 3.4: Krümmung quer zur Achse einer zylindrischen Ausrundung zwischen zwei Ebenen.

Im folgenden wird dargelegt, daß mit Hilfe einer polynomialen Freiformfläche ein solcher Krümmungssprung nicht dargestellt werden kann.

Ausgangspunkt hierfür ist wiederum die Monom-Darstellung der Freiformfläche aus Abschnitt 2.3.2. Die Krümmung eines Punktes auf einer Fläche ist wie in Abschnitt 3.1 beschrieben richtungsabhängig. Ohne Beschränkung der Allgemeinheit kann angenommen werden, daß sich die wesentliche Richtung quer zur Ausrundung durch eine Kurve auf der Freiformfläche mit dem Parameterwert v = const. = 0 beschreiben läßt. Außerdem gilt ebenfalls ohne Beschränkung der Allgemeinheit, daß diese Kurve nach ihrer Kurvenlänge parametrisiert werden kann /AUMA93/. Daraus ergibt sich folgende Darstellung der Kurve:

$$\vec{K}(u) = \sum_{i=0}^{n} \vec{a}_{io} \cdot u^i \qquad 3.6$$

Die Krümmung k einer Kurve, die nach ihrer Kurvenlänge parametrisiert ist, wird durch

$$k = \left| \frac{\partial^2}{\partial u^2} \vec{K}(u) \right|. \qquad 3.7$$

bestimmt /AUMA93/. Daraus folgt für die Krümmung von $\vec{K}(u)$:

$$k = \left| \sum_{i=2}^{n} i \cdot (i-1) \cdot \vec{a}_{io} \cdot u^{i-2} \right| = \sqrt{ \sum_{i=2}^{n} \sum_{j=2}^{n} \left(\vec{a}_{io} \cdot \vec{a}_{jo} \right) \cdot i \cdot (i-1) \cdot j \cdot (j-1) \cdot u^{i+j-4} } \qquad 3.8$$

Unter der Wurzel steht ein Polynom vom Grad $i + j - 4$, welches eine stetige Funktion darstellt. Die Wurzelfunktion selbst ist in ihrem gesamten Wertebereich ebenfalls stetig. Eine Schachtelung von zwei stetigen Funktionen ergibt wiederum eine stetige Funktion /BRON85/. Ein Krümmungssprung ist somit innerhalb einer polynomialen Freiformfläche nicht möglich. Für die Erstellung eines Flächenmodells mit optimaler Qualität empfiehlt sich daher die Erzeugung von Segmentgrenzen an Radiusauslauflinien.

Die Erzeugung von Segmentgrenzen an Radiusauslauflinien liegt auch noch aus einem weiteren Grund nahe: Möchte man später im CAD-System den Ausrundungsradius ändern, so ist das bei vorhandenen Segmentgrenzen an den Radiusauslauflinien mit geringem Aufwand möglich. Liegen dort keine Segmentgrenzen vor, so müssen sämtliche Flächen im Bereich der Ausrundung neu konstruiert werden.

Kapitel 4

Vergleich von Suchverfahren für die Bestimmung von Nachbarpunkten

Kommerzielle optische 3D-Sensoren liefern als Ergebnis der Digitalisierung lediglich eine Menge von Meßpunkten (x,y und z-Koordinate) auf der Bauteiloberfläche. Für die automatische Lokalisierung von Kanten und Radiusauslauflinien in einer Meßpunktmenge, benötigt man zusätzliche Informationen über die Meßpunkte, wie z.B. Normalenvektoren und Krümmungswerte (siehe Kapitel 5). Diese Informationen können nicht aus den Koordinaten eines einzelnen Meßpunkts abgeleitet werden. Die Berechnung des Normalenvektors und der mittleren Krümmung in einem Meßpunkt erfolgt aus den Koordinaten der Meßpunkte in der Umgebung des Ausgangspunkts. Meßpunkte, die in dieser noch näher zu beschreibenden Umgebung liegen, werden im folgenden als Nachbarpunkte des Ausgangspunkts bezeichnet.

Da bei der Digitalisierung eines Bauteils im allgemeinen keine einheitliche Ordnung der Meßpunkte im resultierenden Datensatz vorliegt (siehe Kapitel 2.2.3), kann die Menge der Nachbarpunkte nicht wie in der Bildverarbeitung aus der Meßpunktreihenfolge bestimmt werden. Aus diesem Grund muß der Begriff der Nachbarpunkte in einer unstrukturierten 3D-Punktmenge neu definiert werden.

Definition der Nachbarpunkte eines Ausgangspunkts:

"Die Menge der Punkte, die innerhalb einer Suchkugel mit beliebigem aber festem Radius R um einen Ausgangspunkt liegen, werden als Nachbarpunkte des Ausgangspunkts bezeichnet (Bild 4.1b)".

Der Kugelradius R ist abhängig von der zu berechnenden Größe und vom mittleren Punktabstand in der Meßpunktmenge.

Der einfachste Ansatz, zu jedem gegebenen Punkt die Menge der Nachbarpunkte zu bestimmen, besteht darin, für jeden Ausgangspunkt den Abstand zu jedem anderen Punkt im Datensatz zu berechnen und mit R zu vergleichen. Dieser Algorithmus hat ein Laufzeitverhalten, das proportional zum Quadrat der Meßpunktanzahl N wächst, da insgesamt $N^*(N-1)$ Abstandsberechnungen und Vergleiche notwendig sind (für jeden der N Punkte muß der Vergleich mit den restlichen $N-1$ Punkten erfolgen).

Dieses Verfahren ist bei kleinen Punktmengen mit ca. eintausend Punkten noch akzeptabel, da dort "lediglich" eine Million Abstandsberechnungen und Vergleiche notwendig sind. In der Praxis hat man es jedoch mit Datensätzen von typischerweise einhunderttausend bis fünfhunderttausend Meßpunkten zu tun. Das bedeutet, es sind zwischen zehn und zweihundertfünfzig Milliarden Abstandsberechnungen und Vergleiche notwendig. Das führt selbst auf sehr schnellen Rechnern zu einer mehrstündigen Programmlaufzeit, lediglich für die Bestimmung der Nachbarpunkte. Da dieses Laufzeitverhalten nicht akzeptabel ist muß durch geeignete Datenstrukturen und Suchverfahren eine Reduktion des Rechenaufwands erreicht werden. Wünschenswert ist ein Suchverfahren, das ein lineares oder ein zu $N^*\log N$ proportionales Laufzeitverhalten aufweist.

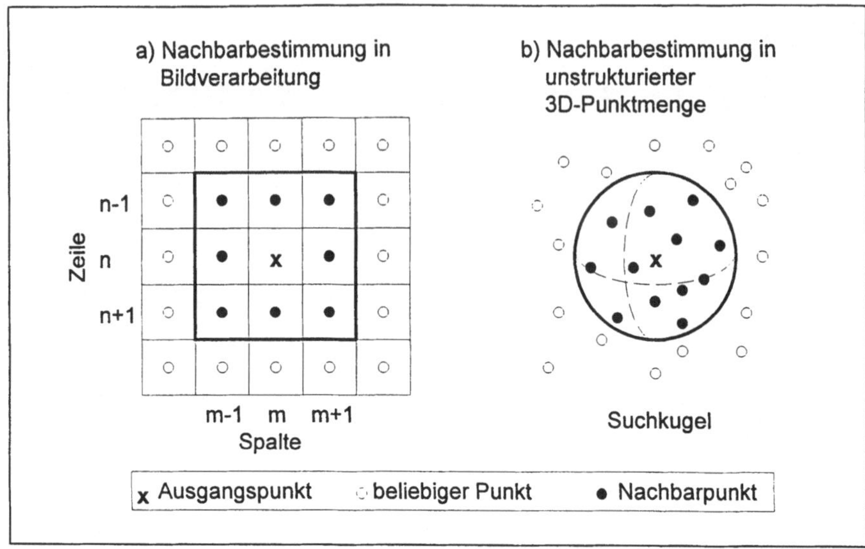

Bild 4.1: Nachbardefinition   a) in geordneter Punktmenge und
b) in unstrukturierter Punktmenge

Bei der Entwicklung eines derartigen Suchverfahrens sind folgende Randbedingungen zu berücksichtigen:

- Es handelt sich um unstrukturierte Meßpunktmengen, d.h. es kann auf keine vorhandene Ordnungsinformation in der Meßpunktmenge zurückgegriffen werden.

- Der Radius der Suchkugel, welche die Nachbarumgebung definiert, ist beliebig, jedoch für alle Meßpunkte eines Datensatzes identisch.

- Die einmalige, vollständige Berechnung und Speicherung sämtlicher Nachbarschaftsinformationen ist aufgrund des enormen Hauptspeicherbedarfs nicht möglich. Die Nachbarschaftsinformationen müssen daher bei Bedarf dynamisch berechnet werden.

In Abschnitt 4.1 werden drei verschiedene Suchverfahren beschrieben, die im Rahmen der vorliegenden Arbeit entwickelt, implementiert und verglichen wurden. Jedes dieser drei Verfahren beruht auf dem Prinzip, daß durch Wahl einer geeigneten Datenstruktur sehr schnell alle Meßpunkte in einem zu den Koordinatenachsen parallelen Quader um den Ausgangspunkt bestimmt werden können. Im zweiten Schritt müssen dann nur noch die Meßpunkte innerhalb dieses Quaders durch Abstandsberechnung zum Ausgangspunkt daraufhin untersucht werden, ob sie in der Suchkugel liegen oder nicht.

Die drei Verfahren unterscheiden sich hinsichtlich der Methode (Datenstruktur und Suchstrategie), wie die Meßpunkte innerhalb des Quaders gefunden werden. Der zweite Schritt, die Überprüfung, welche Meßpunkte aus dem Quader auch in der Suchkugel liegen, ist für alle drei Verfahren identisch.

Die Laufzeitreduktion dieser Verfahren gegenüber dem oben beschriebenen einfachen Ansatz beruht darauf, daß durch Speicherung der Meßpunkte in einer geeigneten Baum- oder Gitterstruktur die Menge der Meßpunkte, die als Nachbarn in Frage kommen, von vornherein auf einen Bruchteil reduziert werden kann.

4.1 Entwicklung und Implementierung von Suchverfahren für die Bestimmung von Nachbarpunkten

Da die ersten zwei implementierten Suchverfahren auf Baumstrukturen aufbauen, werden hier zunächst einige Grundlagen über Suchbäume beschrieben.

4.1.1 Grundlegendes über Suchbäume

Ein Standardverfahren aus der Informatik zum schnellen Auffinden von Objekten anhand einer Kennziffer stellen binäre Suchbäume dar /SEDG91/, /CORM94/. Zur Erklärung dafür bietet sich ein einfaches Beispiel an: Man stelle sich ein EDV-System zur Verwaltung von Lagerartikeln vor. Die Suche nach einem Artikel im EDV-System soll aufgrund einer eindeutigen Artikelnummer erfolgen. Will man nicht jeden Artikel daraufhin untersuchen, ob er die richtige Artikelnummer hat, so bietet sich die Speicherung der Artikel in einem nach den Artikelnummern sortierten binären Suchbaum an (Bild 4.2). In jedem Knoten des Suchbaums werden neben der Artikelnummer die Nutzinformationen des Artikels sowie zwei Zeiger auf die darunter liegenden Knoten gespeichert.

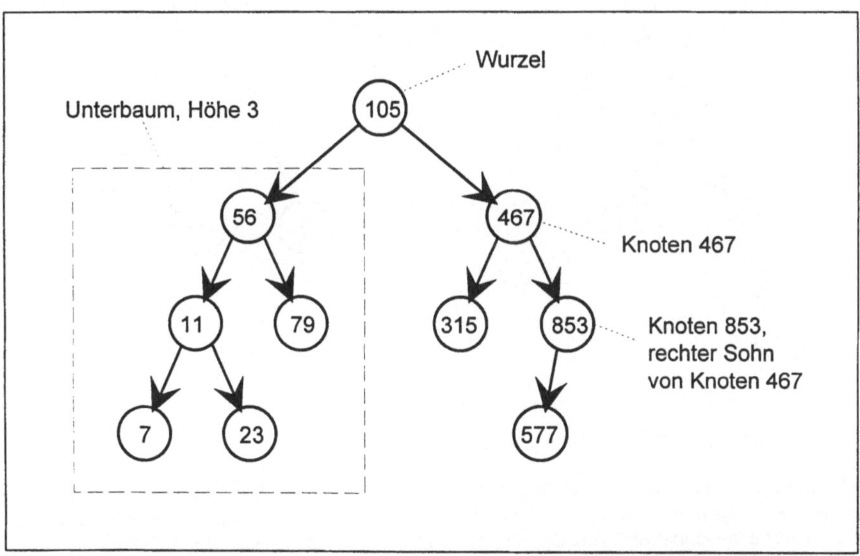

Bild 4.2: Beispiel für einen binären Suchbaum der Höhe 4 mit zehn Einträgen (N = 10). In den Knoten sind der Übersichtlichkeit halber nur die Artikelnummern dargestellt und keine weiteren Nutzinformationen

Enthält die Wurzel z.B. die Artikelnummer 105, so sind in einem binären Suchbaum alle Artikelnummern kleiner 105 im linken Unterbaum der Wurzel abgelegt und alle Artikelnummern größer 105 im rechten Unterbaum. Eine entsprechende Bedingung gilt für die Unterbäume eines beliebigen Knotens. Ist der Suchbaum zusätzlich noch balanciert, d.h. die Höhe der Unterbäume in einem beliebigen Knoten unterscheidet sich maximal um eins, dann benötigt eine Suche einer Artikelnummer maximal $2*\log_2 N$ Schritte, falls N Artikel gespeichert sind. Ohne Verwendung eines Suchbaums müßte man maximal N (durchschnittlich $N/2$) Suchoperationen durchsuchen um den gewünschten Artikel zu finden.

Lastbalancierung von Suchbäumen

Ein binärer Suchbaum kann während des Aufbaus balanciert werden. Falls nach dem Einfügen eines neuen Knotens die Höhendifferenz zwischen den Unterbäumen größer als eins ist, so wird eine zyklische Vertauschung von drei Zeigern im Unterbaum - eine sogenannte Rotation - durchgeführt (siehe Bild 4.3). Die Rotation nutzt aus, daß eine totale Ordnungsrelation der einzelnen Artikelnummern im Suchbaum existiert, die nicht verletzt wird wenn man einen Knoten über die Wurzel eines Unterbaums weg verschiebt. Nach einer Einfügeoperation sind maximal $\log_2 N$ Rotationen notwendig um eine Lastbalancierung des Suchbaums vorzunehmen /LUDE89/.

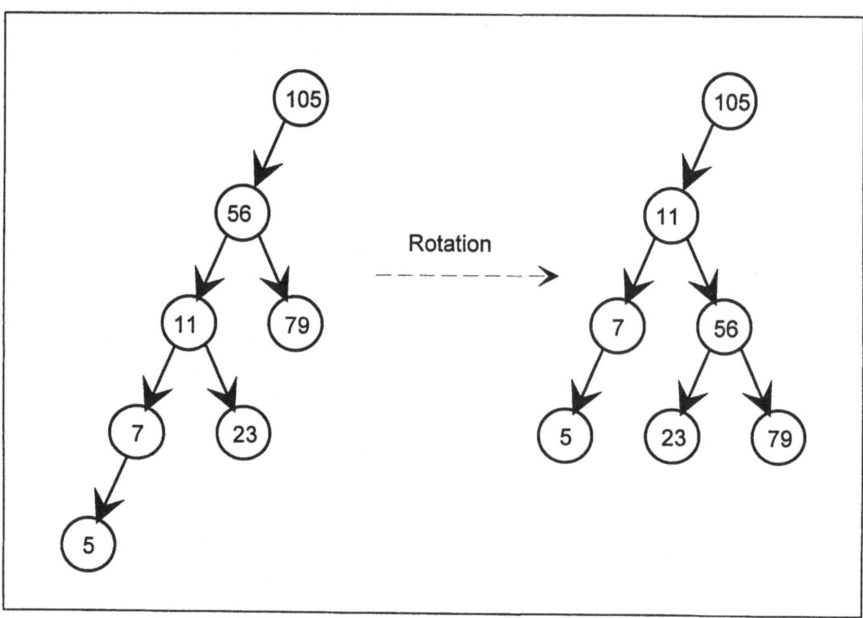

Bild 4.3: Lastbalancierung eines Suchbaums durch Rotation

Will man eine bestimmte Artikelnummer im binären Suchbaum finden, so genügt ein einfaches Programm, das rekursiv aufgerufen wird. Dieses Programm ist in Bild 4.4 im Pseudocode beschrieben. Von der Wurzel ausgehend wird jeweils die Artikelnummer des aktuellen Knotens mit der gesuchten Artikelnummer verglichen und je nach Vergleichsergebnis in den betreffenden Unterbaum verzweigt.

```
1       Programm BaumSuche( SUCHNR, KNOTEN )
2       begin
3       if KNOTEN zeigt nicht auf einen leeren Baum
4               if ARTNR( KNOTEN ) < SUCHNR
5                       call BaumSuche( SUCHNR, rechter Sohn von KNOTEN )
6               else if ARTNR( KNOTEN ) > SUCHNR
7                       call BaumSuche( SUCHNR, linker Sohn von KNOTEN )
8                       else in KNOTEN ist gesuchter Artikel gespeichert !
9       end
```

Bild 4.4: Pseudocode für die Suche einer bestimmten Artikelnummer im binären Suchbaum.
Beim ersten Aufruf des Programms ist KNOTEN = WURZEL.
BaumSuche: Rekursiv aufgerufenes Programm
SUCHNR: Gesuchte Artikelnummer
ARTNR(KNOTEN): Artikelnummer im momentan bearbeiteten Knoten

Bereichsuche im Suchbaum

Das Problem der Nachbarsuche, das schnelle Auffinden aller Punkte innerhalb einer Suchkugel aus dem dreidimensionalen Fall (Punktkoordinaten x, y und z), entspricht im hier beschriebenen eindimensionalen Fall (Artikelnummer) nicht dem Auffinden einer konkreten Artikelnummer wie in Bild 4.4 beschrieben, sondern einer Bereichssuche. Mit einer Bereichssuche können alle Artikelnummern zwischen einem vorgegebenen Minimal- und Maximalwert im Suchbaum bestimmt werden. Der Pseudocode für eine Bereichssuche in einem binären Suchbaum ist in Bild 4.5 dargestellt.

```
1       Programm BaumBereichSuche( MINNR, MAXNR, KNOTEN )
2       begin
3       if KNOTEN zeigt nicht auf einen leeren Baum
4               if MINNR < ARTNR( KNOTEN ) < MAXNR
5                       ARTNR( KNOTEN) liegt im gesuchten Bereich
6               if ARTNR( KNOTEN ) < MAXNR
7                       call BaumBereichSuche( MINNR, MAXNR,
                                rechter Sohn von KNOTEN )
8               if ARTNR( KNOTEN ) > MINNR
9                       call BaumBereichSuche( MINNR, MAXNR,
                                linker Sohn von KNOTEN )
10      end
```

Bild 4.5: Pseudocode für Bereichsuche von Artikelnummern im binären Suchbaum.
Beim ersten Aufruf des Programms ist KNOTEN = WURZEL.
BaumBereichSuche: Rekursiv aufgerufenes Programm
MINNR / MAXNR: Untere / Obere Grenze der Artikelnummern
ARTNR(KNOTEN): Artikelnummer im momentan bearbeiteten Knoten

Handelt es sich um einen balancierten binären Suchbaum, so werden zum Auffinden aller n Artikelnummern im gesuchten Bereich $n+2 \cdot \log_2 N$ Schritte benötigt /SEDG91/. Balancierte binäre Suchbäume stellen also im eindimensionalen Fall eine sehr effiziente Methode zur Durchführung einer Bereichssuche dar, da sowohl der Baumaufbau als auch die Bereichssuche im Baum mit logarithmischem Aufwand erfolgen kann.

Um Suchbäume auch für Punkte im Raum anwenden zu können, müssen sie auf drei Dimensionen verallgemeinert werden. Hierzu gibt es in der einschlägigen Literatur noch keine fertigen Algorithmen. Daher wurden zwei verschiedene Methoden für den Einsatz von Suchbäumen für dreidimensionale Probleme entwickelt und implementiert (siehe Abschnitt 4.1.2 und Abschnitt 4.1.3).

4.1.2 Drei Binärbäume

Die einfachste Verallgemeinerung der Bereichsuche auf den dreidimensionalen Fall stellt die Verwendung von drei Binärbäumen dar. Der erste Baum wird so aufgebaut, daß es sich um einen balancierten Suchbaum handelt, der nach der x-Koordinate der Punkte geordnet ist (d.h. die x-Koordinate entspricht jetzt der Artikelnummer aus dem Beispiel in 4.1.1). Der zweite und dritte Suchbaum sind in analoger Weise nach der y- und der z-Koordinate der Punkte geordnet. Zusätzlich gibt es ein Array, in dem alle Punktkoordinaten gepeichert sind. In den Knoten der drei Binärbäume steht neben der x, y, bzw. z-Koordinate der Punkte noch ein Zeiger auf die Punktdarstellung im Array.

Die Bestimmung der Nachbarpunkte eines Ausgangspunkts (x_0, y_0, z_0) läuft folgendermaßen ab:

1. Durch eine Bereichssuche im x-Baum werden alle Punkte identifiziert, deren x-Koordinaten im Intervall $[x_0 - R , x_0 + R]$ liegen (R = Radius der Suchkugel für die Nachbarfindung). Diese Punkte werden im Array durch setzen eines x-Flags markiert.

2. In analoger Weise wie in 1. erfolgt die Bereichssuche im y- bzw. z-Baum, wobei die gefundenen Punkte mit einem y- bzw. z-Flag gekennzeichnet werden.

3. Alle Punkte die sowohl durch ein x-Flag als auch durch ein y- und z-Flag gekennzeichnet sind, liegen in dem zu den Koordinatenachsen parallelen Würfel mit Kantenlänge $2*R$ um den Ausgangspunkt, d.h. die Seitenflächen dieses Würfels sind Tangentialebenen der Suchkugel. Alle Punkte im Würfel werden durch Abstandsberechnung daraufhin untersucht ob Sie auch innerhalb der Suchkugel liegen. Ist das der Fall, dann werden Sie in die Nachbarmenge des Ausgangspunkts aufgenommen.

Zur Bestimmung der Nachbarmengen aller Punkte im Datensatz, ist jeder Punkt genau einmal Ausgangspunkt für diese Nachbarsuche. Wechselt man zum nächsten Ausgangspunkt, dann müssen die binären Suchbäume nicht neu aufgebaut werden, es erfolgt lediglich ein Zurücksetzen der x-, y- und z-Flags der Punkte im Array.

Da sowohl der Baumaufbau als auch die Bereichsuche einen Aufwand proportional zu $\log_2 N$ aufweisen, kann die Bestimmung der Nachbarmengen aller Punkte N im Datensatz mit einem zu $N*\log_2 N$ proportionalen Aufwand erfolgen. Laufzeitmessungen für dieses Verfahren finden sich in Abschnitt 4.2.

4.1.3 Der Komplexbaum

Eine andere Erweiterungsmöglichkeit der Suchbäume auf drei Dimensionen ergibt sich durch den Übergang von binären Suchbäumen auf oktale Suchbäume. Die oktalen Bäume werden im folgenden auch als Komplexbäume bezeichnet. Analog zu den binären Bäumen ist in jedem Knoten des Komplexbaums genau ein Punkt gespeichert. Allerdings gibt es in jedem

Knoten nicht zwei, sondern acht verschiedene Unterbäume, die einer Aufteilung des dreidimensionalen Raums anhand der folgenden Verzweigungsbedingungen entsprechen:

1. $x < x_k$ und $y < y_k$ und $z < z_k$ 2. $x \geq x_k$ und $y < y_k$ und $z < z_k$
3. $x < x_k$ und $y \geq y_k$ und $z < z_k$ 4. $x \geq x_k$ und $y \geq y_k$ und $z < z_k$
5. $x < x_k$ und $y < y_k$ und $z \geq z_k$ 6. $x \geq x_k$ und $y < y_k$ und $z \geq z_k$
7. $x < x_k$ und $y \geq y_k$ und $z \geq z_k$ 8. $x \geq x_k$ und $y \geq y_k$ und $z \geq z_k$,

wobei (x_k, y_k, z_k) für die Koordinaten des Meßpunkts im aktuellen Knoten stehen.

Bereichsuche im Komplexbaum

Für die Bestimmung aller Nachbarpunkte eines Ausgangspunkts werden analog zu 4.1.2 zunächst alle Punkte gesucht, die innerhalb des zu den Koordinatenachsen parallelen Würfels mit Kantenlänge $2*R$ um den Ausgangspunkt liegen. Dies erfolgt durch eine Bereichsuche im Komplexbaum. Anschließend wird analog wie in 4.1.2 überprüft, ob die Meßpunkte aus diesem Würfel auch innerhalb der Suchkugel liegen. Der Algorithmus für die Bereichsuche im Komplexbaum wurde durch eine dreidimensionale Erweiterung des in Bild 4.5 beschriebenen Algorithmus für die Bereichssuche im binären Suchbaum abgeleitet.

```
1        Programm KomplBerSuche( KNOTEN )
2        begin
3        if KNOTEN zeigt nicht auf einen leeren Baum
                 /* Teste die sechs Würfelgrenzen */
4                if ( MINX  ≤ x_k )        :        x1 = 1
5                if ( MAXX ≥ x_k )        :        x2 = 1
6                if ( MINY  ≤ y_k )        :        y1 = 1
7                if ( MAXY ≥ y_k )        :        y2 = 1
8                if ( MINZ  ≤ z_k )        :        z1 = 1
9                if ( MAXZ ≥ z_k )        :        z2 = 1
                 /* Liegt Punkt innerhalb aller Grenzen? */
10               if (x1 && x2 && y1 && y2 && z1 && z2) :
                         (x_k, y_k, z_k) liegt im Würfel
                 /* Verzweigung in Unterbäume, drei Grenzen definieren Teilraum */
11               if (x1 && y1 && z1) : KomplBerSuche( KNOTEN -> Unterbaum 1 )
12               if (x2 && y1 && z1) : KomplBerSuche( KNOTEN -> Unterbaum 2 )
13               if (x1 && y2 && z1) : KomplBerSuche( KNOTEN -> Unterbaum 3 )
14               if (x2 && y2 && z1) : KomplBerSuche( KNOTEN -> Unterbaum 4 )
15               if (x1 && y1 && z2) : KomplBerSuche( KNOTEN -> Unterbaum 5 )
16               if (x2 && y1 && z2) : KomplBerSuche( KNOTEN -> Unterbaum 6 )
17               if (x1 && y2 && z2) : KomplBerSuche( KNOTEN -> Unterbaum 7 )
18               if (x2 && y2 && z2) : KomplBerSuche( KNOTEN -> Unterbaum 8 )
19       end
```

Bild 4.6: Pseudocode für die Bereichsuche im Komplexbaum.
*   Beim ersten Aufruf des Programms ist KNOTEN = WURZEL.*
*   KomplBerSuche   : Rekursiv aufgerufenes Programm*
* (x_k, y_k, z_k) : Punkt, der in KNOTEN gespeichert ist*
*   MINX, MAXX, MINY ...   : Begrenzungen des Würfels*
*   X1, X2, Y1, Y2, Z1, Z2, && : Logische Variablen, logische UND-Verknüpfung.*

In Abschnitt 4.1.1 wurde der Aufwand für eine Bereichsuche im balancierten Binärbaum mit $n+2*\log N$ Schritten angegeben, wobei n für die Anzahl der Punkte im gesuchten Bereich steht. Da es sich beim Komplexbaum um das selbe Suchprinzip handelt, gilt diese Aufwandsabschätzung auch hier, falls der Komplexbaum lastbalanciert ist.

Problem der Lastbalancierung im Komplexbaum

Beim binären Suchbaum erfolgt die Lastbalancierung während des Aufbaus durch Rotation, wobei diese Rotation ausnutzt, daß eine totale Ordnungsrelation (z.B. die "kleiner als"-Relation) für die Elemente im Suchbaum existiert, die nicht verletzt wird wenn man einen Knoten über die Wurzel eines Unterbaums weg verschiebt. Leider ist diese Voraussetzung schon bei zweidimensionalen Suchräumen nicht mehr gegeben (sonst gäbe es z.B. auf der Menge der komplexen Zahlen eine Totalordnung, dies ist jedoch nicht der Fall). Das Problem im zwei- und dreidimensionalen Suchraum ist, daß bei einer Rotation die Ordnung im Baum zerstört wird. Dies ist in Bild 4.7 anhand des zweidimensionalen Falls gezeigt. Die gewählte Darstellung ist der Blick von oben (von der Wurzel aus) auf den Baum, das heißt die Knoten sind horizontal entsprechend ihrer x-Koordinate und vertikal entsprechend ihrer y-Koordinate angeordnet. Analog zum eindimensionalen Fall ist die Ordnungsrelation verletzt, wenn man einen Knoten über den "falschen" Unterbaum erreicht.

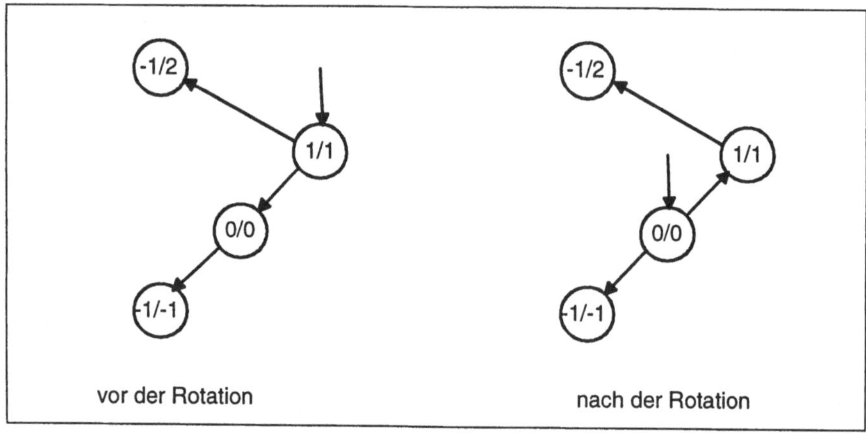

Bild 4.7: Beispiel für eine unzulässige Rotation im 2D-Baum

Vor der Rotation ist der Punkt (-1/2), der links oben von (1/1) liegt, auch über den Zeiger "links oben" (d.h. x-Wert kleiner, y-Wert größer) zu erreichen. Nach der Rotation kann man den Punkt (-1/2) von (0/0), also von der neuen Wurzel des Unterbaums aus, nur über den Zeiger "rechts oben" auf (1/1) und "links oben" auf (-1/2) erreichen, was offensichtlich eine Verletzung der Suchbaumbedingung beinhaltet. Die Rotation setzt die Transitivität einer Totalordnung voraus, die leider nicht gegeben ist. Aus:

(P1 rechts oben von P2) und (X links oben von P1) **folgt nicht** (X rechts oben von P2).

Es gilt lediglich die schwächere Forderung:

(P1 rechts oben von P2) und (X links oben von P1) **folgt** (X oben von P2).

Diese schwächere Forderung ist aber nicht hinreichend für ein korrektes Funktionieren der Rotation. In mehrdimensionalen Bäumen kann also keine Rotation verwendet werden, somit besteht keine Möglichkeit, einen balancierten Komplexbaum mit N Elementen mit einem Aufwand proportional zu N^*logN aufzubauen.

Verteilen der Punkte

Da ein Komplexbaum nicht mit einem zu N^*logN proportionalen Aufwand balanciert werden kann, muß beim Baumaufbau verhindert werden, daß der Komplexbaum in eine lineare Liste entartet. Dies würde sonst dem zu Beginn von Kapitel 4 geschilderten einfachen Algorithmus entsprechen. Ein solches Entarten könnte durch eine Ordnung der Meßpunkte im Datensatz verursacht werden. Daher wird versucht, durch zufälliges Auswählen und Einfügen einer bestimmten Teilmenge der Meßpunkte am Anfang des Baumaufbaus, einen einigermaßen homogenen Baum zu erhalten. Diese Variante soll dafür sorgen, daß der Baum bereits in Wurzelnähe über ein breites Gebiet verzweigt und somit einigermaßen homogen ist.

Da Punkte beim Baumaufbau zufällig eingefügt werden, schwanken die Laufzeiten der Bereichssuche trotz identischer Parameter (selber Datensatz und Suchradius, gleich viel Meßpunkte zufällig eingefügt). Zur Bestimmung repräsentativer Laufzeiten wurden daher jeweils 20 Laufzeitmessungen mit identischen Parametern durchgeführt und der Mittelwert bestimmt. Die auftretenden Laufzeitschwankungen lagen in den meisten Fällen im Bereich ±10 % um den Mittelwert. In Einzelfällen wurden jedoch auch Abweichungen von bis zu $\pm25\%$ beobachtet. In Bild 4.8 sind die mittleren Laufzeiten für die Nachbarsuche (inklusive Baumaufbau) im Komplexbaum in Abhängigkeit der Anzahl der vorab eingefügten Meßpunkte aufgetragen. Die Laufzeiten der verschieden großen Datensätze wurden auf den jeweils geringsten Laufzeitmittelwert normiert (z.B. bei Datensatz Gemme: geringste Laufzeit trat auf ohne zufällig eingefügte Punkte => hierauf wird normiert).

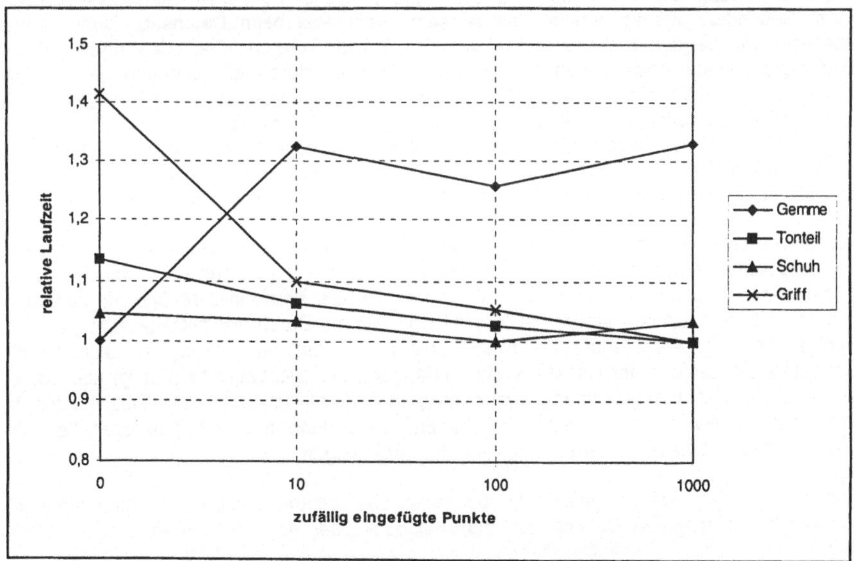

Bild 4.8: Relative mittlere Laufzeiten der Bereichsuche im Komplexbaum in Abhängigkeit der Anzahl der zufällig eingefügten Punkte. Die Laufzeiten der jeweiligen Datensätze wurden auf den minimalen Laufzeitmittelwert normiert.

Interpretation der Ergebnisse

Um diese Ergebnisse deuten zu können, sind zusätzliche Informationen über die Datensätze notwendig. Diese Informationen sind in Bild 4.9 zusammengefaßt.

Datensatz	Punktzahl	Anzahl Teilbilder in Gesamtdatensatz	Beschreibung
Gemme	87.218	1	Eine projizierbare Aufnahme einer Brosche
Tonteil	102.280	6	Sechs teilweise überlappende Teilbilder eines Tonmodells, Gesamtdatensatz ist projizierbar
Schuh	216.690	8	Datensatz eines Schuhleisten, acht Teilbilder erfassen den Leisten von allen Seiten
Griff	330.739	12	Teil eines Bohrmaschinengriffs, projizierbarer Gesamtdatensatz, große Überlappbereiche der Teilbilder

Bild 4.9: Zusätzliche Informationen über die Datensätze

Bei den Datensätzen, die aus mehreren Teilbildern bestehen, werden die geringsten Laufzeiten erreicht, falls man zu Beginn des Baumaufbaus 100 oder 1000 Punkte zufällig in den Baum einfügt. Dies stimmt mit der Vermutung überein, daß dadurch ein nahezu balancierter Baum entsteht, in dem man dann gute Laufzeiten bei der Bereichssuche erzielen kann. Besonders wichtig scheint das zu sein, wenn wie beim Datensatz "Griff" große Überlappbereiche der Teilbilder auftreten. Dies ist dadurch erklärbar, daß ohne zufällig eingefügte Punkte beim Einfügen des ersten Teilbilds durch die Ordnung der Punkte innerhalb dieses Teilbilds ein sehr "langer Ast" im Baum entsteht. Beim Einfügen eines überlappenden zweiten Teilbilds entsteht ein zweiter "langer Ast". In den Überlappbereichen müssen also bei der Nachbarsuche eines Punkts alle beiden "langen Äste" durchgesucht werden, die im Baum u.U. weit auseinander liegen, was die lange Laufzeit erklärt. Erstaunlich ist, daß bereits zehn zufällig eingefügte Punkte das Ergebnis erheblich verbessern.

Beim Datensatz "Gemme", der lediglich aus einem Teilbild besteht, tritt das Laufzeitoptimum ein, falls keine Punkte zufällig eingefügt werden. In diesem Fall gibt es vermutlich einen "langen Ast" im Baum, dort sind dann aber auch alle Nachbarn eines Meßpunkts zu finden und es muß kein zweiter "langer Ast" durchsucht werden. Durch das zufällige Einfügen von Punkten vorab entsteht jedoch ein zweiter solcher Ast, der dann analog wie beim "Griff"-Datensatz die Laufzeit der Nachbarsuche verlängert. Ein Suchbaum begünstigt eben dann die schnelle Nachbarbestimmung, wenn möglichst viele Punkte ihre Nachbarn auch in benachbarten Baumknoten gespeichert haben, denn dann muß die Rekursion bei der Bereichssuche nicht in mehrere "lange Äste" heruntersteigen.

Festzuhalten bleibt jedoch, daß die beobachteten Laufzeitstreuungen der Nachbarsuche im Komplexbaum in einem Bereich von maximal 50% über der bestimmten Minimallaufzeit liegen.

4.1.4 Das Gitterverfahren

Grundlage für das hier vorgestellte Gitterverfahren bildet das "Hashing" /NIEV86/. In der Informatik werden unter dem Begriff "Hashing" Suchverfahren zusammengefaßt, die einem Element e aus dem Wertebereich E des Suchraums die Adresse a einer Zelle zuordnen, in welcher dieses Element zu finden ist. Die Zuordnung erfolgt durch eine Hashfunktion h. Die Hashfunktion h ist im allgemeinen nicht umkehrbar, d.h. verschiedene Elemente des Suchraums werden auf die gleiche Adresse bzw. Zelle abgebildet. Um diese Elemente dort speichern zu können, enthält die Adresse a z.B. einen Zeiger auf eine verkettete Liste aller Elemente in der zugehörigen Zelle. Die Zellen selbst sind durch ein Feld t - auch Hashtabelle genannt - dargestellt, wobei $t[a]$ z.B. den Zeiger auf die verkettete Liste aller Elemente mit der Adresse a enthält.

Durch geeignete Wahl der Hashtabelle und der Hashfunktion kann das Hashing verwendet werden, um Nachbarpunkte eines Ausgangspunkts in unstrukturierten 3D-Punktmengen zu bestimmen. Der Suchraum ist hierbei ein Ausschnitt aus dem $\Re^3$ und die Elemente e sind die Ortsvektoren $\vec{x}_i = (x_i, y_i, z_i)$ der Meßpunkte P_i. Der Wertebereich E des Suchraums ist vollständig im kleinsten, zu den Koordinatenachsen parallelen Quader enthalten, der alle Meßpunkte umschließt (Min-Max-Quader). Die Zellen werden durch Aufteilung des Min-Max-Quaders in einzelne Würfel gebildet, so daß ein regelmäßiges dreidimensionales Gitter entsteht. Die Hashtabelle ist ein dreidimensionales Feld: Gitter[xindex][yindex][zindex], dessen Dimension in x-, y-, bzw. z-Richtung der Anzahl der Zellen in x-, y-, bzw. z-Richtung entspricht. Dort wird für jede Zelle ein Zeiger auf eine verkettete Liste verwaltet, welche die Meßpunkte in dieser Zelle enthält. Zum besseren Verständnis wird die Hashtabelle im folgenden kurz *Gitter* genannt, die Zellen sind die *Gitterelemente*, die Kantenlänge der Zellen ist die *Gitterkantenlänge* und das gesamte Suchverfahen wird als *Gitterverfahren* bezeichnet. Die Hashfunktion ist in diesem Fall denkbar einfach, sie berechnet die Indizes des Gitterelements, in dem sich der vorliegende Meßpunkt befindet, durch:

$$\text{xindex} = \text{floor}[(x_i - \text{xmin}) / \text{Gitterkantenlänge}]$$
$$\text{yindex} = \text{floor}[(y_i - \text{ymin}) / \text{Gitterkantenlänge}] \qquad 4.1$$
$$\text{zindex} = \text{floor}[(z_i - \text{zmin}) / \text{Gitterkantenlänge}]$$

Hierbei stellen xindex, yindex, zindex die Indizes des Gitterelements und xmin, ymin und zmin die Untergrenzen des Min-Max-Quaders dar. "floor" steht für den Abrundungsoperator.

Einfügen von Punkten ins Gitter

Das Einfügen der Meßpunkte in die Gitterstruktur kann mit linearem Aufwand bezüglich der Anzahl der einzufügenden Meßpunkte erfolgen, indem gemäß Bild 4.10 für jeden Punkt seine Indizes im Gitter berechnet werden und der Punkt in die dort verwaltete Liste eingetragen wird.

```
1      Programm PunktEinfügen(x_i, y_i, z_i)
2      begin
3      xindex = floor[(x_i - xmin) / Gitterkantenlänge]
4      yindex = floor[(y_i - ymin) / Gitterkantenlänge]
5      zindex = floor[(z_i - zmin) / Gitterkantenlänge]
6      Füge Punkt zu liste in Gitter[xindex][yindex][zindex] hinzu.
7      end
```

Bild 4.10: Pseudocode für das Einfügen eines Punkts ins Gitter

Bereichsuche im Gitter

Für das Auffinden der Nachbarpunkte eines Ausgangspunkts werden analog zu 4.1.2 und 4.1.3 zunächst alle Punkte gesucht, die innerhalb des zu den Koordinatenachsen parallelen Quaders mit Kantenlänge 2*R um den Ausgangspunkt liegen. Hierzu werden die Indizes aller Gitterelemente bestimmt, die innerhalb dieses Quaders liegen und danach die Meßpunkte in den dort gespeicherten Listen daraufhin untersucht, ob sie auch innerhalb der Suchkugel liegen. Der Pseudocode für diese Operationen ist in Bild 4.11 beschrieben.

```
1       Programm GitterBerSuche(xp, yp, zp)
2       begin
        /* Bestimmung der in Frage kommenden Gitterelemente
3       xindex0 = floor[(xi - xmin - R) / Gitterkantenlänge]
4       xindex1 = floor[(xi - xmin + R) / Gitterkantenlänge]
5       yindex0 = floor[(yi - ymin - R) / Gitterkantenlänge]
6       yindex1 = floor[(yi - ymin + R) / Gitterkantenlänge]
7       zindex0 = floor[(zi - zmin - R) / Gitterkantenlänge]
8       zindex1 = floor[(zi - zmin + R) / Gitterkantenlänge]
        /* Durchsuchen aller in Frage kommenden Gitterelemente */
9       for xx = xindex0 to xindex1
10              for yy = yindex0 to yindex1
11                      for zz = zindex0 to zindex1
12                              liste = Gitter[xx][yy][zz]
13                              while Liste <> Listenende
14                                      Falls Abstand (Listenpunkt , [xi,yi,zi]) ≤ r
15                                              Nachbar gefunden
16                                      nehme nächsten Listenpunkt
17      end
```

Bild 4.11: Pseudocode für die Bereichsuche im Gitter

x_i, y_i, z_i: *Koordinaten des Ausgangspunkts*
xindex0, yindex0, .. :   *Index-Untergrenzen im Gitter*
xindex1, yindex1, .. :   *Index-Obergrenzen im Gitter*
xmin, ymin, zmin: *Untergrenzen des Min-Max-Quaders*
R: *Suchkugelradius für die Nachbarfindung*
xx, yy, zz: *Laufvariablen*
floor: *Abrundungsoperator.*

Einfluß der Gitterkantenlänge auf die Laufzeit

Entscheidend für die Laufzeit der Bereichsuche beim Gitterverfahren ist die Wahl der Gitterkantenlänge. Wird die Gitterkantenlänge sehr groß gewählt, so daß das gesamte Gitter aus nur einem Gitterelement besteht, so entspricht das Laufzeitverhalten dem einfachen Ansatz der zu Beginn von Kapitel 4 beschrieben wurde. Wird dagegen die Gitterkantenlänge sehr klein gewählt, dann werden viele leere Gitterelemente erzeugt. Der Aufwand der Nachbarfindung erhöht sich somit unnötig durch das Durchsuchen der vielen leeren Gitterelemente. Man kann also erwarten, daß irgendwo zwischen diesen beiden Grenzfällen ein oder mehrere Laufzeitminima auftreten. Bild 4.12 zeigt die auf das Minimum normierte Laufzeit in Abhängigkeit des Gitterfaktors GF (Gitterkantenlänge /Suchkugelradius) für einen Datensatz mit ca. 100.000 Meßpunkten. Der Suchradius wurde so gewählt, daß durchschnittlich ca. 30 Nachbarpunkte pro Ausgangspunkt gefunden wurden.

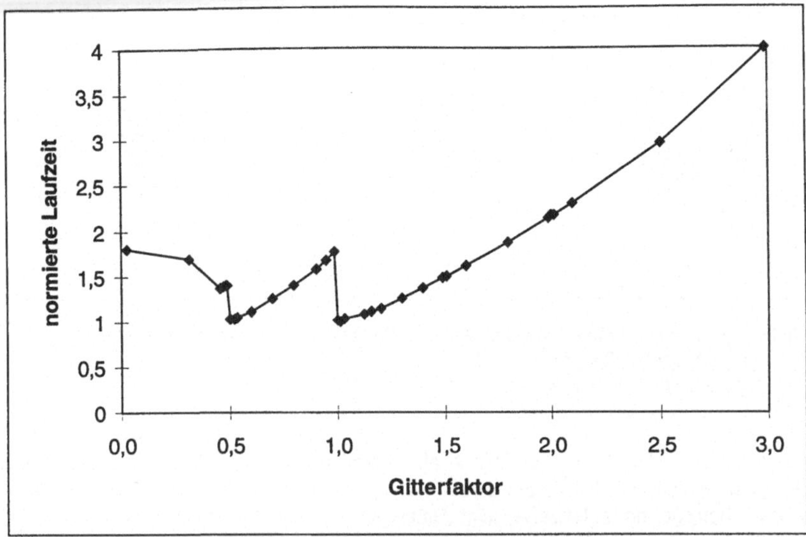

Bild 4.12: Normierte Laufzeit für die Nachbarbestimmung in Abhängigkeit des Gitterfaktors (Gitterkantenlänge / Suchkugelradius) für einen Datensatz mit ca. 100.000 Punkten. Der Suchkugelradius R = 3,0 entspricht durchschnittlich 30 Nachbarn pro Punkt.

Interpretation des Laufzeitverhaltens

Betrachtet man Bild 4.12, so fällt neben dem oben geschilderten erwarteten Verlauf für kleine bzw. große GF sofort der sägezahnähnliche Kurvenverlauf zwischen GF = 0 und GF = 1, mit den scharfen Minima (bei ca. 0,51 und 1,01) und den steilen Kurvenverläufen knapp unterhalb der Minima auf. Dies wird im folgenden für den Fall GF ≈ 1 (also Gitterkantenlänge ≈ Suchkugelradius) erklärt.

Ist GF etwas größer als eins (Gitterkantenlänge >≈ Suchkugelradius), so müssen im günstigsten - aber seltenen - Fall lediglich Punkte in 2*2*2 = 8 Gitterelementen daraufhin untersucht werden, ob sie innerhalb der Suchkugel liegen oder nicht (Bild 4.13a). Im ungünstigsten - aber häufigen - Fall müssen 3*3*3 = 27 Gitterelemente untersucht werden (Bild 4.13c). Ist hingegen GF etwas kleiner als eins (Gitterkantenlänge <≈ Suchkugelradius), dann müssen im günstigsten - hier jedoch häufigsten - Fall 3*3*3 = 27 Gitterelemente durchsucht werden, während im ungünstigsten - aber seltenen - Fall bereits 4*4*4 = 64 Gitterelemente untersucht werden müssen. Berücksichtigt man weiterhin, daß sich die Gitterkantenlängen und somit die Anzahl der Punkte pro Gitterelement für GF zwischen 0,99 und 1,01 nur unwesentlich ändert, die durchschnittliche Anzahl der zu durchsuchenden Gitterelement jedoch wie eben beschrieben sprunghaft ansteigt, so ist der Verlauf der Kurve in diesem Bereich erklärbar. Analog läßt sich auch der Verlauf der Kurve im Bereich GF = 0,5 erklären.

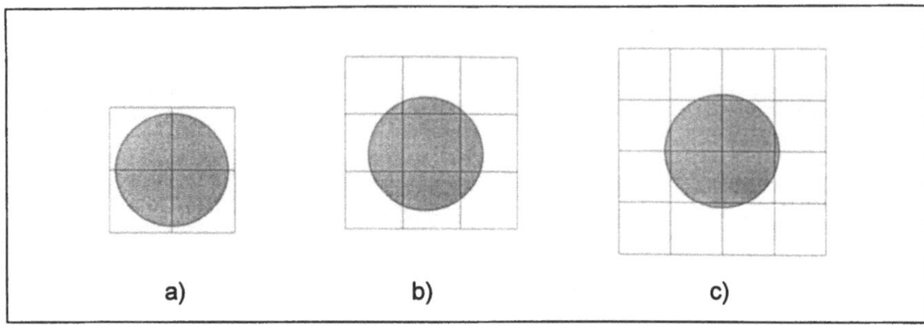

Bild 4.13: Zu durchsuchende Gitterelemente, dargestellt im zweidimensionalen Fall.
   a) günstigster Fall bei GF >≈ 1
   b) normaler Fall bei GF ≈ 1
   c) ungünstigster Fall bei GF <≈ 1

Erstaunlicherweise findet man bei GF ≈ 2, also Gitterkantenlänge ≈ Suchkugeldurchmesser, diesen Effekt nicht mehr. Dies kann darauf zurückgeführt werden, daß dort, egal ob GF 1,99 oder 2,01 beträgt, normalerweise acht Gitterelemente durchsucht werden müssen. Der günstigste Fall, daß bei 1,99 nur ein Gitterelement untersucht werden muß, sowie der ungünstigste Fall, daß bei 2,01 27 Gitterelemente untersucht werden müssen, liegt ähnlich wie im letzten Abschnitt nur bei sehr wenigen Punkten vor. Dieser Effekt wird dadurch unsichtbar, daß ohnehin im Normalfall (Durchsuchung von acht Gitterelementen) schon viel zu viele Punkte betrachtet werden müssen, die nicht in der Suchkugel liegen, was auch die längeren Laufzeit als bei GF ≈ 1 erklärt.

Die Laufzeiten bei den auftretenden Minima (GF = 0,51 bzw. 1,01) unterscheiden sich kaum. Für die optimierte Implementierung wurde GF = 1,01 gewählt, da verglichen mit GF = 0,51 nur ein Achtel der Gitterelemente (Zeiger auf Listen) verwaltet werden müssen und somit für das Gitter nur ein Achtel des Speicherplatzes benötigt wird.

Entscheidend ist, daß beim Gitterverfahren die Tatsache ausgenutzt werden kann, daß die Suchradien zwar beliebig, aber für alle Punkte im Datensatz gleich sind. Es kann daher für einen bestimmten Suchradius ein optimiertes Gitter mit Gitterkantenlänge = 1,01*Suchkugelradius aufgebaut werden (siehe Bild 4.12). Das ermöglicht eine extrem schnelle Nachbarbestimmung. Wird der Suchradius vom Benutzer verändert, so betrifft das wiederum alle Meßpunkte im Datensatz. In diesem Fall lohnt es sich, das alte Gitter zu verwerfen und ein neues optimiertes Gitter anzulegen, da für den Aufbau des Gitters nur ca. ein Hundertstel der Laufzeit der Nachbarbestimmung benötigt wird.

4.2 Vergleich der implementierten Suchverfahren

Um für die gegebene Problemstellung der Nachbarbestimmung in unstrukturierten Meßpunktmengen das optimale Suchverfahren aus Abschnitt 4.1 zu bestimmen, wurde ein Verfahrensvergleich anhand von realen Meßdatensätzen durchgeführt. Die Beurteilungskriterien für die Verfahren sind:

- Priorität 1: Minimale Laufzeit der Nachbarsuche in Abhängigkeit der Meßpunktanzahl und der Suchradien

- Priorität 2: Minimaler Hauptspeicherbedarf

Laufzeit in Abhängigkeit der Punktanzahl im Datensatz

Bild 4.14 zeigt das Laufzeitverhalten der drei Suchverfahren für Meßdatensätze verschiedener Größe. Der Suchkugelradius für die Nachbarbestimmung wurde in jedem der Datensätze so gewählt, daß durchschnittlich ca. 30 Nachbarpunkte pro Ausgangspunkt gefunden wurden. Aufgetragen sind die Laufzeiten zur vollständigen Bestimmung der Nachbarmengen für alle Meßpunkte über der Meßpunktanzahl im Datensatz. Gemessen wurde die benötigte CPU-Zeit auf einer IBM Risc-Station 6000, Modell 37T mit 128 MB Hauptspeicher. Die CPU-Zeit entspricht in etwa der tatsächlichen Programmlaufzeit bei exklusiver Nutzung des Rechners für die Nachbarbestimmung.

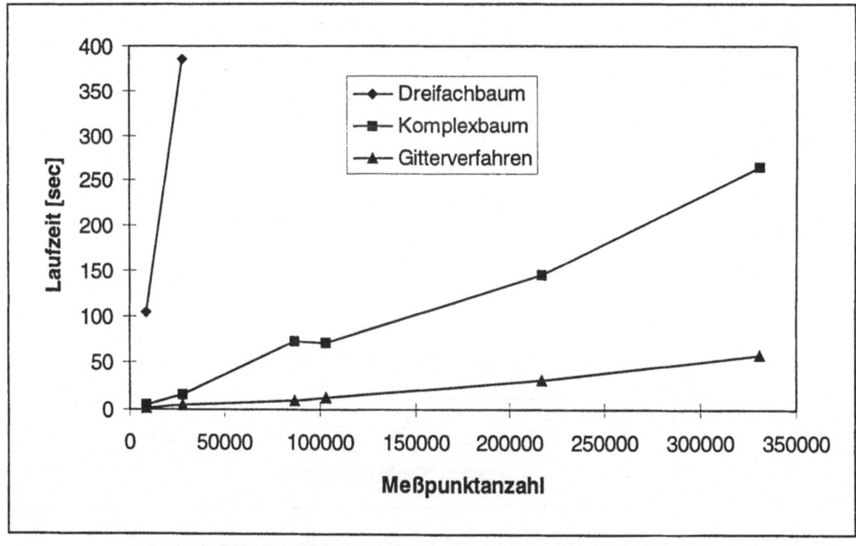

Bild 4.14: Laufzeiten der verschiedenen Nachbarsuchverfahren in Abhängigkeit von der Meßpunktanzahl im Datensatz

Das Gitterverfahren (mit GF = 1,01) zeigt mit Abstand die kürzesten Laufzeiten. So ist die vollständige Bestimmung der Nachbarmengen in einem Datensatz mit mehr als 300.000 Meßpunkten bei ca. 30 Nachbarn pro Meßpunkt (Gesamtzahl der bestimmten Nachbarn ca. 10 Millionen) in weniger als 50 Sekunden möglich! Die Laufzeiten beim Komplexbaum liegen ca. vier mal höher als beim Gitterverfahren, die Laufzeiten bei den drei Binärbäumen sind sogar ungefähr einhundert mal höher. Zudem wachsen die Laufzeiten beim Gitterverfahren annähernd linear mit der Punktanzahl (Aufwand proportional N) und sind weitgehend unabhängig von der Struktur der Meßpunktmenge.

Beim Komplexbaum sind die Laufzeiten etwas unregelmäßig. So zeigt z.B. der Datensatz mit 87.000 Meßpunkten eine längere Laufzeit bei der Nachbarbestimmung als der Datensatz mit 102.000 Meßpunkten. Dies kann darauf zurückgeführt werden, daß die Laufzeiten bei diesem Verfahren von der Struktur der Meßpunktmenge abhängig sind (siehe auch Kapitel 4.1.3). Zusätzlich zu den Laufzeitschwankungen erkennt man beim Komplexbaum wie erwartet ein überproportionales Anwachsen der Laufzeiten mit steigender Meßpunktanzahl (Theoretisch idealer Fall im lastbalancierten Komplexbaum: Laufzeit proportional $N^*\log N$). Da das Verfahren der drei Binärbäume offensichtlich nicht mit den Laufzeiten der beiden anderen Verfahren konkurrieren kann, wurde es bei den weiteren Untersuchungen nicht mehr betrachtet.

Laufzeit in Abhängigkeit des Suchradius für die Nachbarfindung

Neben dem Laufzeitverhalten in Abhängigkeit der Punktanzahl (bei festem Suchradius) aus dem letzten Abschnitt ist auch die Abhängigkeit der Laufzeit vom gewählten Suchradius bzw. der Anzahl der Nachbarpunkte (bei fester Punktanzahl, d.h. im selben Datensatz) relevant zur Charakterisierung der Algorithmen. Die Ergebnisse dieser Untersuchungen sind in Bild 4.15 anhand des Datensatzes "Gemme" (siehe Abschnitt 4.2.3) zusammengefaßt.

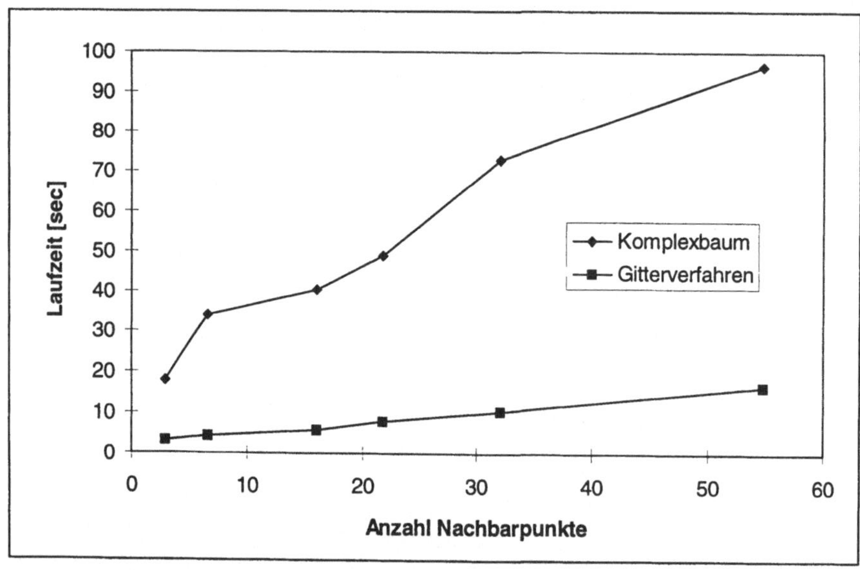

Bild 4.15: Laufzeit in Abhängigkeit der Anzahl der gefundenen Nachbarn (bzw. vom Suchkugelradius)

Bild 4.15 zeigt, daß die in 4.14 gefundenen Laufzeitvorteile des Gitterverfahrens bezüglich des Komplexbaumes unabhängig vom Suchkugelradius (und somit der Anzahl der gefundenen Nachbarn) sind. Je nach Suchkugelradius zeigt der Komplexbaum eine vier bis sieben mal längere Laufzeit als das Gitterverfahren. Beim Komplexbaum beobachtet man wiederum Schwankungen im der Laufzeitverhalten, die auf eine Abhängigkeit des Verfahrens von der Struktur des Datensatzes hindeuten. Beim Gitterverfahren beobachtet man hingegen einen weitgehend linearen Anstieg der Laufzeit mit der Anzahl der bestimmten Nachbarpunkte.

Trägt man auf der x-Achse nicht die Anzahl der Nachbarpunkte, sondern den Suchkugelradius auf, so erhält man beim Gitterverfahren einen quadratischen Anstieg der Laufzeit mit dem Suchkugelradius. Erwarten würde man eigentlich einen kubischen Anstieg, da das Kugelvolumen mit der dritten Potenz des Radius steigt. Die Tatsache, daß die Meßpunkte jedoch kein Volumen, sondern eine Fläche im Raum beschreiben, erklärt den quadratischen Anstieg.

Hauptspeicherbedarf

Der Hauptspeicherbedarf bei den drei Binärbäumen und beim Komplexbaum hängt direkt mit der Meßpunktanzahl zusammen. Für jeden Meßpunkt müssen neben den Punktkoordinaten neun Zeiger für die Baumstruktur gespeichert werden. Bei 300.000 Meßpunkten ergibt das ca. 10 MByte für die Zeiger und nochmals ca. 10 MByte für die Punktkoordinaten.

Beim Gitterverfahren wird der Hauptspeicherbedarf durch die räumliche Ausdehnung der Meßpunktmenge (Min-Max-Quader) und den gewählten Suchradius bestimmt, da sich danach die Gitterkantenlänge und somit die Anzahl der Gitterelemente richtet. Für jedes Gitterelement muß man einen Zeiger auf eine Liste verwalten. Die meisten dieser Listen sind zwar leer, aber der Nullzeiger benötigt auch 4 Byte. In den oben beschriebenen Beispielen lag der Speicherbedarf für das Gitter zwischen 0,1 und 30 MByte.

Abschließende Beurteilung

Aufgrund der Tatsache, daß bei der Normalen- und Krümmungsbestimmung in Kapitel 5 und 6 beliebige, aber für alle Meßpunkte im Datensatz gleiche Suchradien für die Nachbarbestimmung benötigt werden, ist das Gitterverfahren mit der auf den Suchkugelradius hin optimierten Gitterkantenlänge (Gitterkantenlänge / Suchkugelradius = Gitterfaktor = 1,01) von den Laufzeiten her optimal. Die zur Normalen- und Krümmungsbestimmung benötigten Nachbarmengen werden daher aufgrund des Gitterverfahrens berechnet.

Die Ergebnisse aus diesem Kapitel unterstreichen nochmals die Notwendigkeit eines geeigneten Suchverfahrens für die Nachbarbestimmung in unstrukturierten Meßpunktmengen. Die um Größenordnungen längeren Laufzeiten der drei Binärbäume gegenüber dem Gitterverfahren deuten die Auswirkungen an, welche die Verwendung des einfachen Ansatzes (Beginn Kapitel 4) zur Nachbarbestimmung auf die Programmlaufzeit hätte.

Kapitel 5

Lokalisierung, Verfolgung und Korrektur von scharfen Kanten

In Kapitel 2.5.1 wurden existierende Algorithmen zur Kantenverfolgung in 3D-Meßpunktmengen beschrieben. Abgesehen davon, daß sich diese Algorithmen nur auf wohlgeordnete Meßpunktmengen anwenden lassen und daher als Segmentierungshilfe einer komplexen Meßpunktmenge nicht geeignet sind, berücksichtigen diese Algorithmen bei der Kantenlokalisierung lediglich Krümmungswerte oder Knickwinkel, die in jedem Meßpunkt berechnet werden.

Bei der interaktiven Selektion einer Kante in einer Meßpunktmenge verwendet der Benutzer jedoch intuitiv eine ganze Reihe von Merkmalen für seine Selektion:

Kantenmerkmal 1:

Hohe Krümmungswerte, bzw. Existenz von Knicken längs einer gedachten Linie senkrecht zur Kante.

Kantenmerkmal 2:

Gruppierbarkeit der Punkte "links" und "rechts" der Kante in jeweils eine Gruppe mit ähnlichen Normalenvektoren.

Kantenmerkmal 3:

Der Verlauf der Kante ist nährungsweise senkrecht zu den Normalenvektoren dieser beiden Gruppen.

Diese drei intuitiven und unscharf definierten Kriterien des Benutzers werden in diesem Kapitel mathematisch exakt in Form eines Merkmalsraums beschrieben. Jedem Meßpunkt P_i wird gemäß:

$$\vec{M}_i = (\vec{x}_i, \vec{n}_i, k_i)^T \qquad\qquad 5.1$$

ein Merkmalsvektor $\vec{M}_i$ bestehend aus Punktkoordinaten $\vec{x}_i$, Normalenvektor $\vec{n}_i$ und Krümmungswert k_i zugeordnet, der aus den Punkten der Nachbarmenge $\Omega(P_i)$ von P_i berechnet wird. Für Punkte, die nach Analyse von $\vec{M}_i$ als Kantenpunkte in Frage kommen, werden zusätzliche Kenngrößen berechnet und in einem erweiterten Merkmalsvektor $\vec{Me}_i$ gespeichert (siehe Abschnitt 5.2). $\vec{Me}_i$ bildet die Grundlage für die Kantenverfolgung und die Kantenkorrektur.

Zur Bestimmung von $\vec{M}_i$ müssen eine Reihe von Eigenschaften der Meßpunktmenge automatisch berechnet werden. Die Methoden hierfür werden in den nächsten Abschnitten beschrieben.

5.1 Bestimmung von Merkmalen einer Meßpunktmenge

5.1.1 Bestimmung des mittleren Punktabstands

In Kapitel 4 wurde das Nachbarschaftskriterium in unstrukturierten Meßpunktmengen durch eine Suchkugel um den Ausgangspunkt definiert. Der Radius dieser Suchkugel ist mit dem mittleren Punktabstand in der Meßpunktmenge korreliert. Der mittlere Punktabstand d_m läßt sich nährungsweise als

$$d_m = \frac{1}{\sqrt{n_A}} = \sqrt{\frac{A_q}{N}}$$

5.2

bestimmen. A_q bezeichnet die Oberfläche des achsparallelen Quaders, der alle Meßpunkte umschließt (Min-Max-Quader) und N steht für die Anzahl der Meßpunkte im Datensatz. Somit stellt n_A eine Flächenpunktdichte dar.

Der Suchkugelradius R zur Bestimmung der Nachbarmenge $\Omega(P_i)$ eines beliebigen Punkts P_i ist durch $R = p_R \cdot d_m$ mit dem mittleren Punktabstand verbunden, wobei die Wahl des Parameters p_R in Abschnitt 5.4.2 begründet wird. Zur effizienten Bestimmung von $\Omega(P_i)$ wird das Gitterverfahren aus Abschnitt 4.1.4 verwendet.

5.1.2 Bestimmung von Normalenvektoren

Aus der Definition des Merkmalsvektors $\vec{M}_i$ in Gleichung 5.1 geht hervor, daß der Normalenvektor $\vec{n}_i$ in P_i sowohl direkt (Komponenten von $\vec{n}_i$ sind auch Komponenten von $\vec{M}_i$) als auch indirekt (k_i werden aus $\vec{n}_i$ berechnet) in $\vec{M}_i$ eingeht. Eine gegenüber Meßunsicherheiten stabile Bestimmung von $\vec{n}_i$ ist daher von entscheidender Bedeutung für die Kantenverfolgung.

Eine robuste Bestimmungsmöglichkeit von $\vec{n}_i$ in jedem Punkt P_i der unstrukturierten Meßpunktmenge, stellt die Berechnung einer Ausgleichsebene $Ae(P_i)$:

$$Ae(P_i) : a \cdot x + b \cdot y + c \cdot z + 1 = 0$$

5.3

in P_i nach dem Verfahren der minimalen Fehlerquadrate dar[1], wobei der Normalenvektor der resultierenden Ausgleichsebene gemäß

$$\vec{n}_i = (a,b,c)^T \big/ \sqrt{a^2 + b^2 + c^2}$$

5.4

als Normalenvektor $\vec{n}_i$ in P_i definiert wird.

---

[1] Gleichung 5.3 beschreibt die Gleichung der Ausgleichsebene in Koordinatenform, wobei das konstante Glied o.B.d.A. gleich 1 gesetzt wurde. Hierbei wird bewußt auf die Bildung der Hesseschen Normalform $\frac{a}{\sqrt{a^2 + b^2 + c^2}} \cdot x + \frac{b}{\sqrt{a^2 + b^2 + c^2}} \cdot y + \frac{c}{\sqrt{a^2 + b^2 + c^2}} \cdot z + d = 0$ der Ebenengleichung verzichtet, um bei der Bestimmung der Koeffizienten a, b, c ein lineares Gleichungssystem zu erhalten.

Die Ermittlung von $Ae(P_i)$ aus den Punkten in $\Omega(P_i)$ nach dem Verfahren der minimalen Fehlerquadrate erfolgt durch Auswertung der Forderung:

$$\sum_{j=1}^{|\Omega(P_i)|} (a \cdot x_j + b \cdot y_j + c \cdot z_j + 1)^2 \overset{!}{=} \min. \qquad\qquad 5.5$$

Das Nullsetzen der partiellen Ableitungen nach den unabhängigen Variablen a, b und c führt zu einem linearen Gleichungssystem dessen Lösung in Abschnitt 2.3.1 beschrieben ist.

Der Vorteil dieses Verfahrens liegt in den kurzen Laufzeiten bei der Bestimmung von $\bar{n}_i$, die dadurch bedingt sind, daß sich das entstehende lineare Gleichungssystem geschlossen lösen läßt. Allerdings führt diese Vorgehensweise zu einer starken Tiefpaßfilterung von $\bar{n}_i$, welche die Änderung des Verlaufs der Normalenvektoren an einer scharfen Kante von dem theoretisch idealen Sprung um den Knickwinkel zu dem in Tabelle 5.1 aufgeführten Verlauf erklärt.

Den größten Einfluß auf die Stärke der Tiefpaßfilterung hat der gewählte Suchradius R für die Bestimmung von $\Omega(P_i)$. Um die Tiefpaßfilterung zu minimieren, muß mit einem möglichst kleinen Suchradius gearbeitet werden. Der Reduktion des Suchradius sind allerdings, wie in Abschnitt 5.4.2 beschrieben, Grenzen gesetzt.

Eine andere Möglichkeit zur Abschwächung der Tiefpaßfilterung besteht darin, bei der Bestimmung von $Ae(P_i)$ anstatt der Fehlerquadrate, die Fehlerbeträge oder gar die Fehlerwurzeln zu minimieren. Das bewirkt, daß Punkte die weit von $Ae(P_i)$ entfernt sind, bei der Ausgleichsrechnung nicht so stark berücksichtigt werden. Allerdings führt das, wie im folgenden beschrieben, auf nichtlineare Gleichungssysteme.

Die Minimierung einer beliebigen Funktion des Abstands der Punkte in $\Omega(P_i)$ zu einer Ebene läßt sich als:

$$\sum_{j=1}^{|\Omega(P_i)|} f(a \cdot x_j + b \cdot y_j + c \cdot z_j + 1) \overset{!}{=} \min \qquad\qquad 5.6$$

formulieren, wobei die nullgesetzten partiellen Ableitungen nach den unabhängigen Variablen a, b und c durch:

$$\frac{\partial}{\partial a} \sum_{j=1}^{|\Omega(P_i)|} f(a \cdot x_j + b \cdot y_j + c \cdot z_j + 1) = \sum_{j=1}^{|\Omega(P_i)|} \frac{\partial}{\partial a} f(a \cdot x_j + b \cdot y_j + c \cdot z_j + 1) = \sum_{j=1}^{|\Omega(P_i)|} x_j \frac{\partial f(u)}{\partial u} = 0$$

$$\frac{\partial}{\partial b} \sum_{j=1}^{|\Omega(P_i)|} f(...) = \sum_{j=1}^{|\Omega(P_i)|} y_j \frac{\partial f(u)}{\partial u} = 0 \qquad\qquad 5.7$$

$$\frac{\partial}{\partial c} \sum_{j=1}^{|\Omega(P_i)|} f(...) = \sum_{j=1}^{|\Omega(P_i)|} z_j \frac{\partial f(u)}{\partial u} = 0$$

mit $u = a \cdot x_j + b \cdot y_j + c \cdot z_j + 1$ gegeben sind. Aufgrund der Eindeutigkeit der Stammfunktion bis auf eine additive Konstante /BRON85/, ist dieses Gleichungssystem nur dann linear in u und somit auch in a, b und c, falls die Funktion f durch $f(u) = u^2$ gegeben ist. Dies entspricht der Minimierung der Abstandsquadrate.

Für alle anderen Funktionen, also auch für die Minimierung der Beträge der Abstände oder der Wurzeln der Abstände bekommt man somit bei der Bestimmung der Ebenengleichung ein nichtlineares Gleichungssystem, dessen Lösung iterativ gefunden werden muß. Die iterative Lösung eines nichtlinearen Gleichungssystems für jeden einzelnen Meßpunkt ist jedoch aus Laufzeitgründen nicht vertretbar.

Um bei konstantem $\Omega(P_i)$ eine Abschwächung der Tiefpaßfilterung bei der $\vec{n}_i$-Berechnung zu bewirken, ohne die Programmlaufzeiten wesentlich zu erhöhen, kann folgender Sachverhalt genutzt werden: Die Tiefpaßfilterung von $\vec{n}_i$ an einer Kante wird vor allem durch diejenigen Punkte in $\Omega(P_i)$ verursacht, die weit vom Ausgangspunkt P_i entfernt sind. Werden die nahe bei P_i liegenden Punkte stärker bei der Berechnung von $Ae(P_i)$ gewichtet, indem sie mehrmals in die zu minimierende Summe eingehen, so wird die Wirkung des Tiefpaßfilters abgeschwächt.

Mit $\vec{x}_j \in \Omega(P_i)$ und $r = |\vec{x}_i - \vec{x}_j|$ werden die Gewichtungsfaktoren für die Punkte in $\Omega(P_i)$ folgendermaßen gewählt:

Für $r < R/4$	Gewichtungsfaktor = 4
Für $R/4 < r < R/2$	Gewichtungsfaktor = 3
Für $R/2 < r < 3R/4$	Gewichtungsfaktor = 2
Für $3R/4 < r < R$	Gewichtungsfaktor = 1

Das Verfahren der minimalen Fehlerquadrate mit den oben gewählten Gewichtungsfaktoren für die Nachbarpunkte wird im folgenden als Verfahren der "modifizierten minimalen Fehlerquadrate" bezeichnet. In Tabelle 5.1 sind die Ergebnisse dieses Verfahrens im Vergleich mit dem theoretisch idealen Verlauf der Normalenvektoren und dem herkömmlichen Verfahren der mittleren Fehlerquadrate dargestellt. Als Beispieldatensatz wurde eine Menge berechneter Punkte um eine 90°-Kante längs der z-Achse gewählt. Die berechneten Punkte liegen äquidistant auf der x=0, bzw. y=0-Ebene. Der gewählte Suchradius R beträgt $2.5 \cdot d_m$.

Punkt-koord.	theoretischer Wert für $\vec{n}_i$	min. Fehlerquadrate		mod. min. Fehlerquadrate	
		$\vec{n}_i$	$\Delta\alpha$	$\vec{n}_i$	$\Delta\alpha$
(-3 , 0 , 0)	(0 , 1 , 0)	(0 , 1 , 0)	0°	(0 , 1 , 0)	0
(-2 , 0 , 0)	(0 , 1 , 0)	(0.154 , 0.987 , 0)	9.2°	(0.134 , 0.991 , 0)	7.6°
(-1 , 0 , 0)	(0 , 1 , 0)	(0.503 , 0.864 , 0)	30.2°	(0.449 , 0.893 , 0)	26.7°
(0 , 0 , 0)	nicht def.	(0.707 , 0.707 , 0)	nicht def.	(0.707 , 0.707 , 0)	nicht def.
(0 , -1 , 0)	(1 , 0 , 0)	(0.864 , 0.503 , 0)	-30.2°	(0.893 , 0.449 , 0)	-26.7°
(0 , -2 , 0)	(1 , 0 , 0)	(0.987 , 0.154 , 0)	-9.2°	(0.991 , 0.134 , 0)	-7.6°
(0 , -3 , 0)	(1 , 0 , 0)	(1 , 0 , 0)	0°	(1 , 0 , 0)	0°

Tabelle 5.1: Gegenüberstellung verschiedener Berechnungsverfahren für Normalenvektoren $\vec{n}_i$ in einem künstlich erzeugten Datensatz.
$\Delta\alpha$: Abweichung des berechneten Normalenvektors vom theoretischen Wert.

Aus Tabelle 5.1 geht hervor, daß der Einsatz der Methode der modifizierten mittleren Fehlerquadrate beim betrachteten Datensatz eine Verringerung der Winkelabweichung (Winkel der theoretisch idealen Normalen zur berechneten Normalen) um ca. 15% bezüglich dem herkömmlichen Verfahren der mittleren Fehlerquadrate bewirkt. Aus diesem Grund wird für die Bestimmung der Normalenvektoren im Merkmalsvektor die Methode der modifizierten minimalen Fehlerquadrate verwendet.

5.1.3 Bestimmung von Krümmungen

Die aus der Differentialgeometrie bekannten Algorithmen zur Bestimmung der maximalen, minimalen und mittleren Krümmung eines Flächenpunkts lassen sich gemäß /HOFF87/ nährungsweise auf Meßpunktmengen übertragen. Daraus resultieren die in Abschnitt 3.1 aufgeführten Beziehungen. Die mittlere Krümmung k_{avg} eines Meßpunkts

$$k_{avg} = \frac{1}{|N(P_i)|} \cdot \sum_N k(i,j),$$

5.8

$$\text{mit:} \quad k(i,j) = \frac{|\vec{n}_i - \vec{n}_j|}{|\vec{x}_i - \vec{x}_j|}$$

ist wesentlich unempfindlicher gegenüber Meßunsicherheiten als die maximale Krümmung k_{max}. Daher wird k_{avg} als Krümmungswert k_i des Punkts P_i im Merkmalsvektor $\vec{M}_i$ verwendet.

In /HOFF87/ wurde Gleichung 5.8 für eine geordnete Meßpunktmenge mit n x m Pixeln abgeleitet, wobei die Nachbarmenge N durch eine Umgebung von 3 x 3 oder 5 x 5 Pixeln um den Ausgangspunkt P_i bestimmt wurde. Die Anwendung von 5.8 auf unstrukturierte Meßpunktmengen ist durch Ersetzen von N durch $\Omega(P_i)$ möglich. Allerdings wird in 5.8 eine gleichsinnig Orientierung der Normalenvektoren vorausgesetzt (z.B. alle $\vec{n}_i$ weisen vom digitalisierten Objekt nach außen). Dies kann in einer hinterschneidungsfreien, geordneten Meßpunktmenge leicht realisiert werden: Entsprechen z.B. die n x m Pixel der xy-Ebene, so müssen alle z-Komponenten der Normalenvektoren das gleiche Vorzeichen besitzen.

In komplexen unstrukturierten Meßpunktmengen mit möglichen Hinterschneidungen kann dieses Kriterium nicht verwendet werden. Die in Abschnitt 5.1.2 beschriebene Methode zur Bestimmung von $\vec{n}_i$ garantiert auch keine einheitliche Orientierung der Normalenvektoren. Wünschenswert ist daher ein Algorithmus zur globalen Orientierung der Normalenvektoren im Datensatz. Der Ansatz hierfür läßt sich folgendermaßen beschreiben:

Für zwei nahe beieinander liegende Meßpunkte P_i und P_j auf einer stetig differenzierbaren Oberfläche gilt: $\vec{n}_i \cdot \vec{n}_j \approx \pm 1$. Bei gleicher Orientierung gilt das positive Vorzeichen, andernfalls gilt das negative Vorzeichen und einer der Normalenvektoren muß umgedreht werden. Die Schwierigkeit beim Finden einer globalen Orientierung besteht darin, daß die Beziehung $\vec{n}_i \cdot \vec{n}_j \approx +1$ für alle "nahe beieinanderliegenden" Punkte gelten muß.

Diese Aufgabe läßt sich als Graphoptimierungsproblem /HOPC94/ darstellen. Es sei G = (V,E) ein ungerichteter Graph mit einer Knotenmenge V, welche die Menge der Meßpunkte P_i repräsentiert und einer Kantenmenge E, welche die Nachbarschaftsbeziehungen $\Omega(P_i)$ darstellt. Dieser Graph verbindet also alle Punktepaare (P_i, P_j) mit einer Linie, falls sie gemäß dem in Abschnitt 5.1.1 definierten Nachbarschaftskriterium benachbart sind. Jeder Kante e = (i,j) $\in$ E wird ein Gewicht w(i,j) = $\vec{n}_i \cdot \vec{n}_j \in$ [-1.0 ; 1.0] zugeordnet, das sich aus dem Skalarprodukt der Normalenvektoren in den zugehörigen Knoten P_i und P_j ergibt.

Somit läßt sich die Forderung der globalen Orientierung der Normalenvektoren auf die Bedingung

$$\sum_{(i,j)\in E} s_i \cdot s_j \cdot w(i,j) \overset{!}{=} \max \qquad 5.9$$

reduzieren. Die binären Richtungsfaktoren s_i, $s_j \in \{-1,+1\}$ müssen so gewählt werden, daß die Summe der Gewichte aller Kanten maximal wird. Hierbei entspricht $s_i = 1$ dem Beibehalten der Orientierung von $\vec{n}_j$ in P_j während $s_j = -1$ für das Umdrehen von $\vec{n}_j$ steht.

In /HOPP94/ wurde bewiesen, daß die Lösung eines kombinatorischen Optimierungsproblems der Form $\sum_{(i,j)\in E} s_i \cdot s_j \cdot w(e) = \max$ mit s_i, $s_j \in \{-1,+1\}$ und $w(e) \in \Re$, NP-hart[2] ist. Somit ist auch die Lösung des globalen Orientierungsproblems der Normalenvektoren in einer unstrukturierten Meßpunktmenge NP-hart, das heißt, es gibt (aller Wahrscheinlichkeit nach) keinen Algorithmus der dieses Problem in vernünftiger Zeit lösen kann.

Um trotzdem Formel 5.8 zur Krümmungsberechnung in unstrukturierten Meßpunktmengen anwenden zu können, wird die globale Orientierung der Normalenvektoren durch eine lokale Orientierung ersetzt. Hierbei werden bei der Berechnung von k_i in P_i alle $\vec{n}_j$ aus $\Omega(P_i)$ so gewählt daß $\vec{n}_i \cdot \vec{n}_j > 0$ gilt, indem sie bezüglich der Normalen $\vec{n}_i$ in P_i ausgerichtet werden. Ist $\vec{n}_i \cdot \vec{n}_j > 0$ für ein Punktepaar (P_i, P_j) nicht erfüllt, so wird $\vec{n}_j = - \vec{n}_j$ gewählt. Bei der Berechnung der Krümmungswerte der gesamten Meßpunktmenge werden dadurch einige Normalenvektoren mehrmals hin- und hergedreht, dies ist jedoch für die Programmlaufzeit unerheblich.

---

[2] Ein kombinatorisches Problem mit N Elementen wird als NP-hart bezeichnet, wenn es sich in polynomial abschätzbarer Zeit $t = P(N)$ auf ein NP-vollständiges Problem reduzieren läßt. Ein kombinatorisches Problem mit N Elementen heißt NP-vollständig, falls es aller Wahrscheinlichkeit nach keine Lösung gibt, deren Zeitaufwand polynomial abschätzbar ist (d.h. $t \neq P(N)$).

Anmerkung: Die Klasse der NP-vollständigen Probleme enthält viele natürliche Probleme, die schon gründlich auf effiziente Lösungen hin untersucht wurden. Für keines dieser Probleme ist bis jetzt eine Lösung mit polynomialem Zeitaufwand bekannt. Könnte man für eines dieser Probleme eine solche Lösung finden, dann wären automatisch alle Probleme dieser Klasse mit polynomialem Zeitaufwand lösbar, da sie alle in polynomialer Zeit aufeinander reduzierbar sind. Die Tatsache, daß bisher trotz intensiver Forschung für keines dieser Probleme eine solche Lösung gefunden wurde, legt die Vermutung nahe, daß so eine Lösung nicht existiert /HOPC94/.

5.2 Verfolgung von scharfen Kanten

5.2.1 Auswahl potentieller Kantenpunkte

Der Merkmalsvektor $\vec{M}_i$, der in jedem Meßpunkt P_i berechnet wird, stellt die Grundlage für eine Vorauswahl derjenigen Meßpunkte dar, die als Kantenpunkte in Frage kommen. Hierzu wird aus der Menge der Krümmungswerte $K = \{\ k_i\ \}$ ein Histogramm gebildet. Aus diesem Histogramm wird der Krümmungsschwellwert k_s so bestimmt, daß p_s Prozent der Punkte P_i einen Krümmungswert k_i besitzt, für den $k_i < k_s$ gilt. Der Parameter p_s liegt zwischen 80% und 95% und ist abhängig von den Eigenschaften der Meßpunktmenge. Liegen Kanten mit stark unterschiedlichen Knickwinkeln in einer Meßpunktmenge vor, so ist eine Verwendung unterschiedlicher Schwellwerte sinnvoll. Dies kann durch Aufteilung der Meßpunktmenge realisiert werden.

Die Vorauswahl von Meßpunkten anhand ihrer Krümmung entspricht der Auswertung des Kantenmerkmals 1, das am Beginn von Kapitel 5 beschrieben wurde. Die Bedingung $k_i > k_s$ ist notwendig aber nicht hinreichend für die Existenz einer Kantenlinie durch P_i. Das wird in Tabelle 5.1 und in Bild 5.3 links (Abschnitt 5.2.3) deutlich, wo die künstliche Verbreiterung des stark gekrümmten Bereichs der Meßpunktmenge durch Tiefpaßfilterung bei der $\vec{n}_i$ und k_i-Berechnung gezeigt wird. Außerdem ist $k_i > k_s$ auch an einer Spitze eines Kegels erfüllt, obwohl dort keine Kante vorliegt. Für die Bestimmung einer Kantenlinie müssen daher weitere Eigenschaften eines Kantenpunkts berücksichtigt werden.

5.2.2 Bestimmung des erweiterten Merkmalsvektors

In diesem Abschnitt wird die Gruppierbarkeit der Normalenvektoren $\vec{n}_j$ von $P_j \in \Omega(P_i)$ in zwei Gruppen, einer Gruppe „links" und einer Gruppe „rechts" der Kante bestimmt. Die Gruppierbarkeit entspricht dem Kantenmerkmal 2, das zu Beginn von Kapitel 5 beschrieben wurde. Der Rechenaufwand für die Gruppierung der Punkte in $\Omega(P_i)$ ist höher als der Aufwand zur Bestimmung von $\vec{n}_i$ oder k_i, dafür erfolgt die Bestimmung der Gruppierbarkeit nur für diejenigen Punkte der Meßpunktmenge mit $k_i > k_s$.

Die Gruppierungsbedingung von $\Omega(P_i)$ kann folgendermaßen formuliert werden: Gesucht wird eine vollständige Aufteilung der Menge $\Omega(P_i)$ in zwei Teilmengen Ω_0 und Ω_1 so daß $\Omega(P_i) = \Omega_0 \cup \Omega_1$ und $\Omega_0 \cap \Omega_1 = \{\ \}$ gilt, wobei die Aufteilung so erfolgen soll, daß ein Vektor $\vec{n}_j$ derjenigen Gruppe zugeordnet wird, zu deren mittlerem normierten Normalenvektor $\hat{\Omega}_0$ bzw. $\hat{\Omega}_1$ er die geringere Winkelabweichung besitzt. Setzt man eine lokale Orientierung der Normalenvektoren in $\Omega(P_i)$ voraus (d.h. $\vec{n}_i \cdot \vec{n}_j >= 0 \ \forall \ \vec{n}_j \in \Omega(P_i)$), so läßt sich dieses kombinatorische Optimierungsproblem folgendermaßen formulieren:

$$\sum_{j=1}^{|\Omega(P_i)|} \vec{n}_j \cdot (\hat{\Omega}_0 \cdot (1 - s_j) + \hat{\Omega}_1 \cdot s_j) \stackrel{!}{=} \max \qquad\qquad 5.10$$

$$\text{mit} \quad \hat{\Omega}_0 = \frac{\sum_{k=1}^{|\Omega(P_i)|} \vec{n}_k \cdot (1 - s_k)}{\left| \sum_{k=1}^{|\Omega(P_i)|} \vec{n}_k \cdot (1 - s_k) \right|} \quad \text{und} \quad \hat{\Omega}_1 = \frac{\sum_{k=1}^{|\Omega(P_i)|} \vec{n}_k \cdot s_k}{\left| \sum_{k=1}^{|\Omega(P_i)|} \vec{n}_k \cdot s_k \right|} \qquad 5.11$$

Hierbei wurde die Minimierung der Winkelabweichungen von Normalenvektor $\vec{n}_j$ und normierter mittlerer Gruppennormale $\hat{\Omega}_0$ bzw. $\hat{\Omega}_1$ auf die Maximierung der Skalarprodukte dieser Vektoren zurückgeführt. Dies ist erlaubt, da die Funktion $|\alpha| = \left| \arccos(\vec{n}_j \cdot \hat{\Omega}_{0;1}) \right|$ (Skalarprodukt) für $|\alpha| \in (0, \pi/2]$ mit zunehmendem $|\alpha|$ streng monoton fallend ist.

Die Maximierung von Gleichung 5.10 erfolgt durch richtige Wahl der binären Zugehörigkeitsparameter $s_j \in \{0, 1\}$, wobei $s_j = 0$ der Zugehörigkeit $\vec{n}_j \in \Omega_0$ und $s_j = 1$ der Zugehörigkeit $\vec{n}_j \in \Omega_1$ entspricht. Eine Lösung für dieses Gruppierungsproblem liefert der folgende Algorithmus:

Aus $\Omega(P_i)$ werden die ersten zwei Normalenvektoren $\vec{n}_1$ und $\vec{n}_2$ genommen und daraus die Gruppen Ω_0 und Ω_1 gebildet: $\Omega_0 = \{\vec{n}_1\}$ und $\Omega_1 = \{\vec{n}_2\}$. Natürlich gilt zunächst: $\hat{\Omega}_0 = \vec{n}_1$ bzw. $\hat{\Omega}_1 = \vec{n}_2$. Anschließend wird nacheinander mit allen weiteren $\vec{n}_j$ aus $\Omega(P_i)$ folgende Untersuchung durchgeführt:

1	Programm GruppiereNormalenvektor
2	begin
3	if $(\vec{n}_j \cdot \hat{\Omega}_0 > \vec{n}_j \cdot \hat{\Omega}_1)$ /* zu welcher Gruppe liegt $\vec{n}_j$ näher */
4	$\vec{n}_j \in \Omega_0$
5	for(k=1; k<= $|\Omega_0|$)
6	$\hat{\Omega}_0^{\,\prime} = \sum_{l \in \Omega_0, l \neq k} \vec{n}_l \left/ \left| \sum_{l \in \Omega_0, l \neq k} \vec{n}_l \right| \right.$ /* gehört nach neuem Mittelwert
7	if $(\vec{n}_k \cdot \hat{\Omega}_0^{\,\prime} < \vec{n}_k \cdot \hat{\Omega}_1)$ $\vec{n}_k$ zur anderen Gruppe? */
8	$\vec{n}_k \notin \Omega_0$, $\vec{n}_k \in \Omega_1$
9	$\hat{\Omega}_0 = \sum_{m \in \Omega_0} \vec{n}_m \left/ \left| \sum_{m \in \Omega_0} \vec{n}_m \right| \right.$ /* Falls ja, Neuberechnung der
10	$\hat{\Omega}_1 = \sum_{m \in \Omega_1} \vec{n}_m \left/ \left| \sum_{m \in \Omega_1} \vec{n}_m \right| \right.$ Mittelwerte der beiden Gruppen */
11	else
12-18	... /* Analoge wie 4 - 10 nur für Ω_1 */
19	end

Bild 5.1: *Pseudocode für die Aufteilung der Normalenvektoren $\vec{n}_j$ von $P_j \in \Omega(P_i)$ in zwei Gruppen.*

Nach vollständiger Aufteilung der Nachbarmenge $\Omega(P_i)$ in Ω_0 und Ω_1 werden die Ergebnisse der Gruppierung im erweiterten Merkmalsvektor $\vec{M}e_i$ von P_i gespeichert.

$$\vec{M}e_i = (\vec{M}_i, \hat{\Omega}_{0i}, P\Omega_{0i}, \hat{\Omega}_{1i}, P\Omega_{1i}, f_i)^T = (\vec{x}_i, \vec{n}_i, k_i, \hat{\Omega}_{0i}, P\Omega_{0i}, \hat{\Omega}_{1i}, P\Omega_{1i}, f_i)^T \qquad 5.12$$

$\hat{\Omega}_{0i}$ bzw. $\hat{\Omega}_{1i}$ sind die normierten Mittelwerte der Gruppennormalen nach vollständiger Gruppierung der Nachbarmenge $\Omega(P_i)$, während $P\Omega_{0i} \in \Omega_0$ und $P\Omega_{1i} \in \Omega_1$ die Koordinaten derjenigen Punkte repräsentieren, deren Normalenvektoren die geringste Abweichung zu $\hat{\Omega}_{0i}$ bzw. $\hat{\Omega}_{1i}$ besitzen. Außerdem wurde in $\vec{M}e_i$ eine Boole'sche Variable f_i eingeführt, die darüber Auskunft gibt, ob der zugehörige Meßpunkt bereits bei der Kantenfindung berücksichtigt wurde ($f_i = 0$) oder nicht ($f_i = 1$). Der so erweiterte Merkmalsvektor $\vec{M}e_i$ stellt die Grundlage für die Bestimmung und Korrektur der Kantenlinie dar.

5.2.3 Bestimmung der Kantenlinien

Diesem Abschnitt liegt folgende Begriffsdefinition zugrunde (siehe auch Bild 5.5):

Kantenlinie:

Die Kantenlinie ist der automatisch gefundene Linienzug, der einer Kante im Bauteil entspricht. Die Kantenlinie besteht aus aneinandergereihten kurzen Strecken, den sogenannten Kantensegmenten.

Kantensegment:

Das Kantensegment ist eine Strecke, die zwei benachbarte Meßpunkte miteinander verbindet, die auf einer gefundenen Kantenlinie liegen.

Startpunkt:

Der Startpunkt P_{start} ist der automatisch gefundene Punkt, an dem eine neue Kantenlinie beginnt.

In einer Meßpunktmenge können mehrere Kantenlinien vorkommen. Zur Bestimmung einer Kantenlinie werden die Algorithmen

1. Bestimmung des Startpunkts der Kantenlinie

2. Bestimmung eines Kantensegments

3. Markierung der Nachbarmenge

4. Bestimmung der 2. Richtung der Kantenlinie

verwendet, wobei die Algorithmen 2. und 3. solange rekursiv aufgerufen werden, bis eine Abbruchbedingung erfüllt ist.

Bestimmung des Startpunkts der Kantenlinie

Als Startpunkt der Kantenlinie wird der Punkt $P_i \in MP$ gewählt, für den gilt:

$$k_{start} = \max_{P_i \in MP}\{f_i \cdot k_i\} \overset{?}{>} k_s \qquad 5.13$$

Kann kein P_i gefunden werden, das die Ungleichung 5.13 erfüllt, so gibt es bei dem vorgegebenen Krümmungsschwellwert k_s keine oder keine weiteren Kantenlinien in MP.

Bestimmung eines Kantensegments

Bei der Bestimmung eines Kantensegments wird derjenige Punkt $P_j \in \Omega(P_i)$ ermittelt, der durch eine Kantenlinie mit P_i verbunden werden soll (zu Beginn einer neuen Kantenlinie ist $P_i = P_{start}$). Hierzu werden die erweiterten Merkmalsvektoren $\vec{Me}_i$ und $\vec{Me}_j$ auf eine skalare Größe, den gewichteten Krümmungswert k_{Gj} abgebildet:

$$\vec{Me}_i \otimes \vec{Me}_j =: k_{Gj} =: f_j \cdot k_j \cdot \left(1 - p_G + p_G \cdot \left| \frac{(\vec{x}_i - \vec{x}_j)}{|\vec{x}_i - \vec{x}_j|} \cdot (\hat{\Omega}_{0i} \times \hat{\Omega}_{1i}) \right| \right), \qquad 5.14$$

wobei $p_G \in [0.0\,;1.0]$ ein Parameter ist. Für $p_G = 0$ gilt $k_{Gj} = f_j \cdot k_j$. Mit wachsendem p_G wächst der Einfluß des Skalarprodukts

$$\left| \frac{(\vec{x}_i - \vec{x}_j)}{|\vec{x}_i - \vec{x}_j|} \cdot (\hat{\Omega}_{0i} \times \hat{\Omega}_{1i}) \right|. \qquad 5.15$$

An einer scharfen Kante zeigt das Kreuzprodukt der normierten Gruppennormalen $\hat{\Omega}_{0i} \times \hat{\Omega}_{1i}$ eines Kantenpunkts P_i in die Richtung, in welche die Kante läuft.

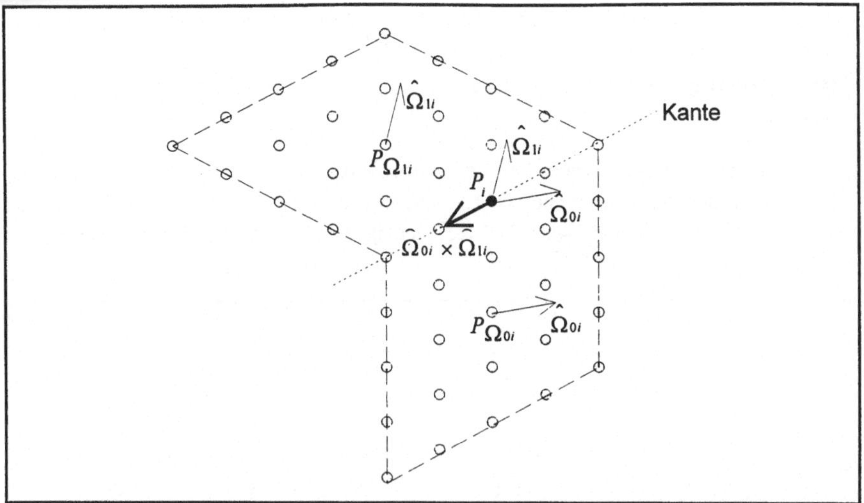

Bild 5.2: Richtungsgewichtung der Kantenlinie durch Kreuzprodukt der Gruppennormalen.

Das Skalarprodukt in Formel 5.15 stellt also ein Maß dafür dar, wie gut die Richtung $\vec{x}_i - \vec{x}_j$ des möglichen Kantensegments mit der lokalen Kantenrichtung $\hat{\Omega}_{0i} \times \hat{\Omega}_{1i}$ übereinstimmt. Dies entspricht der mathematischen Formulierung von Kantenmerkmal 3, das zu Beginn von Kapitel 5 beschrieben wurde, wobei durch den Parameter p_G in Formel 5.14 gesteuert werden kann, wie starke diese Richtungsgewichtung bei der Bestimmung von k_{Gj} berücksichtigt werden soll. Gemäß

$$k_{G\max} = \max_{\Omega(P_i)} \left\{ k_{Gj} \right\} \overset{?}{>} k_s \qquad\qquad 5.16$$

wird der Punkt $P_{j\max}$ mit dem maximalen gewichteten Krümmungswert aus $\Omega(P_i)$ bestimmt. Falls für $P_{j\max}$: $k_{G\max} > k_s$ gilt, wird $P_{j\max}$ durch ein Kantensegment mit P_i verbunden. Bevor dieser Algorithmus zur Bestimmung des nächsten Kantensegments mit $P_i = P_{j\max}$ als neuem Ausgangspunkt rekursiv aufgerufen wird, erfolgt die Markierung der Nachbarmenge von P_i. Falls kein Punkt $P_j \in \Omega(P_i)$ gefunden werden kann, welcher die Bedingung 5.16 erfüllt, dann ist die Kantenlinie in dieser Richtung zu Ende.

Markierung der Nachbarmenge

Die Markierung von P_i und seiner Nachbarmenge $\Omega(P_i)$ erfolgt durch Nullsetzen des Kantenflags f. Ein nullgesetztes Kantenflag führt dazu, daß der zugehörige Punkt nicht mehr als Kantenpunkt in Frage kommt (siehe Formel 5.13 und 5.14). Diese Markierung ist aus zwei Gründen notwendig:

1. Erfolgt keine Markierung von P_i, so wird beim nächsten rekursiven Aufruf von „Bestimme Kantensegment" mit $P_{j\,max}$ als neuem P_i der alte Punkt P_i wieder als bester Nachbarpunkt gefunden und die Kantenlinie pendelt endlos zwischen P_i und $P_{j\,max}$ hin und her.

2. Aufgrund der Tiefpaßfilterung bei der Berechnung von $\bar{n}_i$ und k_i werden ohne Markierung der Nachbarmenge $\Omega(P_i)$ mehrere parallel Kantenlinien entlang einer scharfen Kante gefunden (siehe Bild 5.3 rechts), wenn k_s nicht optimal bestimmt ist.

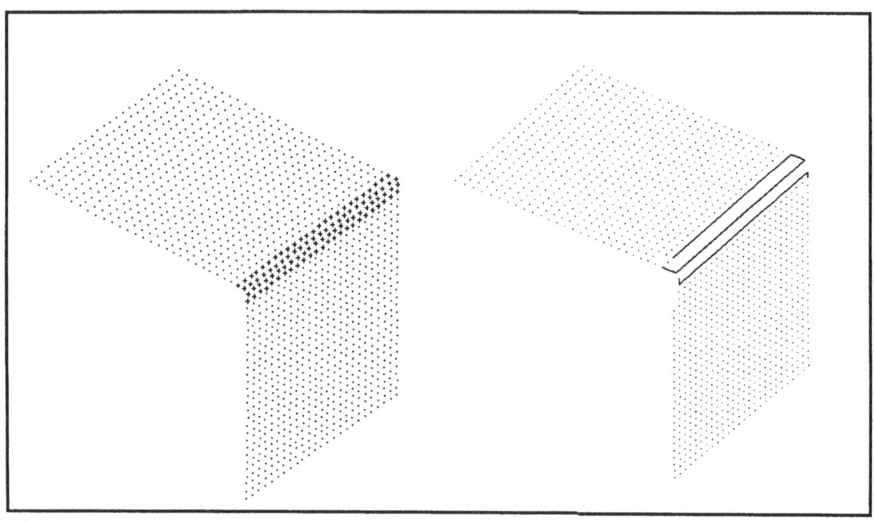

*Bild 5.3: Links: Künstliche Verbreiterung des stark gekrümmten Bereichs (+) um eine Kante durch Tiefpaßfilterung bei der Normalen- und Krümmungsberechnung.
Rechts: Mehrdeutigkeit der gefundenen Kantenlinie bei fehlender Markierung der Nachbarpunkte.*

Die Krümmungswerte der Punkte unmittelbar auf der Kante sind höher als die durch Tiefpaßfilterung künstlich erhöhten Krümmungswerte der Punkte neben der Kante. Die in 2. beschriebene Erzeugung von mehrdeutigen Kantenlinien läßt sich also durch geeignete Wahl von k_s vermeiden. In der Praxis ist es jedoch mit hohem Aufwand verbunden, genau den Schwellwert zu bestimmen, bei dem die Kante nicht mehrdeutig beschrieben wird. Daher wurde folgender Algorithmus zur Markierung der Punkte in der Nachbarschaft einer gefundenen Kantenlinie entwickelt:

Nach der Bestimmung von $P_{j\,max}$ werden alle Punkte P_j in einer Kugelumgebung $\left|\bar{x}_i - \bar{x}_j\right| < \left|\bar{x}_i - \bar{x}_{j\,max}\right|$ um $\bar{x}_i$ durch Nullsetzen von f_j markiert. Beim weiteren Verlauf der Kantenlinie wird der Markierungsbereich sukzessive vergrößert, indem auch die Umgebung der vorher gefundenen Kantenpunkte P_{i-k} ($k \in Z^+$) markiert wird, bis die Bedingung $\left|\bar{x}_{i-k} - \bar{x}_{j\,max}\right| > R$ erfüllt ist (siehe Bild 5.4). Diese Markierung erfolgt nach jeder Bestimmung eines neuen Kantensegments.

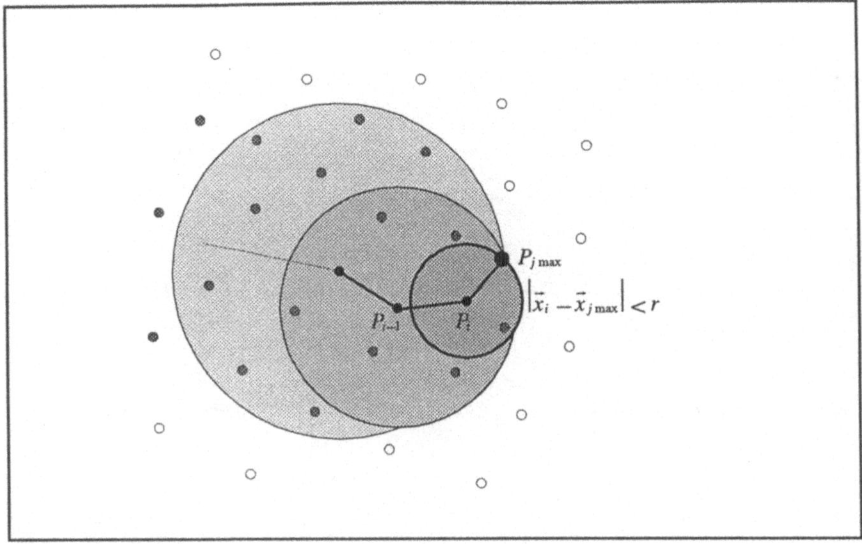

Bild 5.4: Vorgehensweise bei der Markierung von Punkten, die als Kantenpunkte nicht mehr in Frage kommen.

Bestimmung der 2. Richtung der Kantenlinie

Die Auswahl des Startpunkts P_{start} einer Kantenlinie gemäß 5.13 gewährleistet lediglich, daß dieser Punkt auf einer Kante liegt, nicht jedoch, daß es sich hierbei um einen sinnvollen Anfangs- bzw. Endpunkt der Kantenlinie handelt. Nachdem also die eine Ausbreitungsrichtung der Kantenlinie aufgrund der Abbruchbedingung 5.16 erschöpft ist, muß die zweite Richtung der Kantenlinie von P_{start} aus untersucht werden.

Für alle Punkte $P_j \in \Omega(P_{start})$ gilt jedoch aufgrund der Markierung $f_j = 0$. Bevor also die 2. Richtung der Kantenlinie verfolgt werden kann, muß diese Markierung aufgehoben werden. Innerhalb der Halbkugel mit $\left|\vec{x}_{start} - \vec{x}_j\right| < R$ und $(\vec{x}_j - \vec{x}_{start}) \cdot (\vec{x}_{start} - \vec{x}_{start+1}) > 0$ wird daher $f_j = 1$ gesetzt. Anschließend werden analog wie bei der Verfolgung der ersten Kantenrichtung die Algorithmen zur Bestimmung eines Kantensegments und zur Markierung der Nachbarmenge solange rekursiv aufgerufen, bis auch für die zweite Kantenrichtung die Abbruchbedingung 5.16 erfüllt ist.

Die so gefundene Kantenlinie wird gespeichert und die Routine zur Bestimmung des nächsten Startpunkts aufgerufen, um mögliche weitere Kantenlinien im Datensatz zu bestimmen.

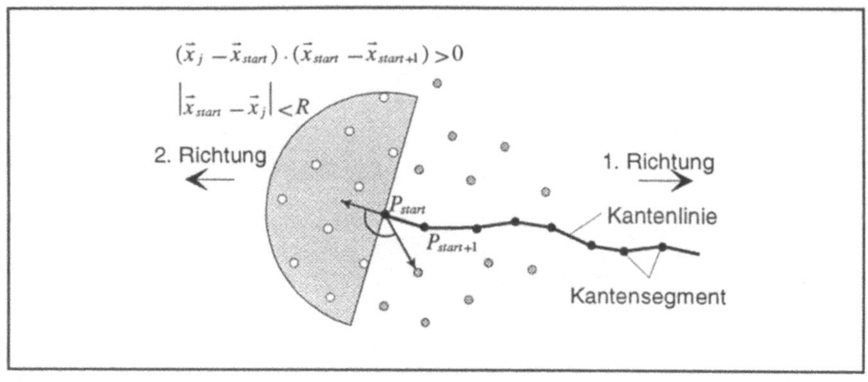

Bild 5.5: Rücksetzen der Markierung zur Bestimmung der zweiten Richtung der Kantenlinie.

5.3 Korrektur der Kantenlinie im Sub-Meßpunktbereich

Aufgrund der Arbeitsweise schneller 3D-Sensoren ist eine Erfassung von Meßpunkten exakt auf einer scharfen Kante nicht möglich. Der Algorithmus zur Kantenverfolgung verbindet daher diejenigen Meßpunkte, welche am nächsten zur Kante liegen. Dadurch entstehen zwangsläufig Abweichungen zwischen der tatsächlichen Lage einer Bauteilkante und der aus der Meßpunktmenge bestimmten Kantenlinie. Die Informationen im erweiterten Merkmalsvektor $\vec{Me}_i$ können jedoch genutzt werden, um die tatsächliche Lage der Kante in der Meßpunktmenge zu extrapolieren. Dies entspricht einer Korrektur der gefundenen Kantenlinie im Sub-Meßpunktbereich.

Voraussetzung für diese Korrektur der Kantenlinie ist, daß sich die zwei Flächen, deren Schnittlinie die scharfe Kante darstellt, in der Umgebung der Kante als Ebenen approximieren lassen. Dies ist bei stetig-differenzierbaren Flächen und hinreichend kleiner Umgebung eine zulässige Annahme, die z.B. auch bei einer Taylorentwicklung /BRON85/ zugrundegelegt wird. Sind die approximierenden Ebenen E_{0i} und E_{1i} für jeden Punkt P_i der gefundenen Kantenlinie bekannt, dann ist der Algorithmus für die Korrektur der Kantenlinie im Sub-Meßpunktbereich denkbar einfach: Den korrigierten Kantenlinienpunkt $P_{i,Geo-Korr}$ erhält man durch Schnitt von E_{0i} mit E_{1i} und anschließender orthogonaler Projektion von P_i auf die Schnittgerade.

Offen ist dabei lediglich die Bestimmung von E_{0i} und E_{1i}. Die hierfür erforderlichen Informationen stehen jedoch alle in $\vec{Me}_i$. Die Mittelwerte der Gruppennormalen $\hat{\Omega}_{oi}$ und $\hat{\Omega}_{1i}$ stellen nämlich eine gute Näherung für die Normalenvektoren von E_{0i} und E_{1i} dar und die zugehörigen Meßpunkte $P\Omega_{oi}$ und $P\Omega_{1i}$ können als Aufpunkte von E_{0i} und E_{1i} gewählt werden (siehe Bild 5.2). Somit können die Koordinaten $\vec{x}_{i,Geo-Korr}$ von $P_{i,Geo-Korr}$ durch

$$E_{0i} \quad : \quad (\vec{P\Omega}_{0i} - \vec{x}_{i,Geo-Korr}) \cdot \hat{\Omega}_{0i} = 0$$

$$E_{1i} \quad : \quad (\vec{P\Omega}_{1i} - \vec{x}_{i,Geo-Korr}) \cdot \hat{\Omega}_{1i} = 0 \qquad\qquad 5.17$$

$$E_{Hilf,i} \quad : \quad (\vec{x}_i - \vec{x}_{i,Geo-Korr}) \cdot (\hat{\Omega}_{0i} \times \hat{\Omega}_{1i}) = 0$$

bestimmt werden. Hierbei wurde der Schnitt von E_{0i} und E_{1i} und die anschließende Projektion von P_i auf die Schnittgerade, auf den Schnitt von drei Ebenen reduziert. Die Lösung des dabei entstehenden linearen Gleichungssystem 5.17 zur Bestimmung von $\vec{x}_{i,Geo-Korr}$ ist trivial und wird hier nicht beschrieben.

Aufgrund statistischer Untersuchungen wird in Abschnitt 5.4 die Auswirkung der Korrektur im Sub-Meßpunktbereich auf die Lage der bestimmten Kantenlinie analysiert. In Kapitel 7 finden sich Anwendungsbeispiele in denen diese Korrektur der Kantenlinien bei der Bestimmung von Segmentgrenzen eingesetzt wurde.

5.4 Stabilität der entwickelten Algorithmen

5.4.1 Beschreibung der Randbedingungen und Präsentation der Ergebnisse

Von entscheidender Bedeutung für die Anwendung der automatischen Kantenfindung in der Praxis ist der Einfluß des Rauschens auf den Meßpunkten auf die automatisch lokalisierten Kanten. Eine Stabilitätsanalyse der vorgestellten Algorithmen zur Kantenfindung mit Hilfe der Fehlerfortpflanzungsgesetze ist aufgrund der Vielzahl und Komplexität der beteiligten Verarbeitungsschritte: Normalenberechnung, Krümmungsberechnung, Gruppierung der Normalenvektoren, Startpunktbestimmung und Berechnung von $k_{G\,max}$ nicht praktikabel. Daher wird der Einfluß des Rauschens auf die gefundene Kantenlinie und auf die Korrektur der Kantenlinie im Sub-Meßpunktbereich anhand eines mathematisch idealen Testdatensatzes ermittelt, dem künstlich ein normalverteiltes Rauschen verschiedener Intensitäten überlagert wird. Bei dem Testdatensatz handelt es sich um ein homogenes Punktraster von 500 x 21 Punkten, das in der Mitte seiner schmalen Seite (also bei y = 11) um beliebige Winkel α geknickt werden kann. Somit hat man eine theoretische Kantenlinie von 500 Pixeln Länge, an der man statistische Auswertungen machen kann. Zu jedem so berechneten Rasterpunkt wird ein Rauschvektor addiert, der in einem sphärischen Koordinatensystem durch gleichverteilte Winkel und normalverteilten Radius bestimmt wird.

Entscheidend für die Stabilität des Algorithmus zur Kantenfindung ist das Verhältnis der Standardabweichung des Rauschens zum mittleren Punktabstand. Die Ergebnisse der Kantenverfolgung für verschiedene Knickwinkel α und verschiedene Rauschintensitäten σ sind in Tabelle 5.2 zusammengefaßt. Für den Krümmungsschwellwert k_s (siehe Abschnitt 5.2.1) wurde k_s = 0.8 gewählt, der Parameter für die Richtungsgewichtung p_G (siehe Abschnitt 5.2.3) ist 1. Die Werte für σ, σ_{Kant} und $\sigma_{Geo\text{-}Korr}$ sind als Vielfache des mittleren Punktabstands d_m angegeben. Folgende Nomenklatur wird benutzt:

σ : Standardabweichung des Rauschens

σ_{Kant} : Standardabweichung der Punkte der gefundenen Kantenlinie zur mathematisch idealen Kante (ohne Rauschen)

$\sigma_{Geo\text{-}Korr}$: Standardabweichung der Punkte der gefundenen Kantenlinie zur mathematisch idealen Kante nach Korrektur der Kantenlinie im Sub-Meßpunktbereich

p_R : Parameter für Nachbarbestimmung ($R = p_R \cdot d_m$, siehe Abschnitt 5.1.1)

p_G : Parameter für die Richtungsgewichtung der Kantenlinie aufgrund des Kreuzprodukts der Gruppennormalen

Knickwinkel $\alpha = 60°$

σ	σ_{Kant}	$\sigma_{Geo\text{-}Korr}$	p_R	Bemerkung
0.0	0.0	0.0	2	Ideale Linie wird gefunden
0.0	0.0	0.0	3	Ideale Linie wird gefunden
0.0	0.0	0.0	4	Ideale Linie wird gefunden
0.07	0.28	0.15	2	Einzelne Punkte falsch
0.07	0.06	0.06	3	Ideale Linie wird gefunden
0.07	0.87	0.15	4	Einige Punkte falsch
0.14	0.23	0.20	2	Einzelne Punkte falsch
0.14	0.23	0.17	3	Einzelne Punkte falsch
0.14	0.79	0.19	4	Einige Punkte falsch
0.28	0.41	0.38	2	Einzelne Punkte falsch
0.28	0.42	0.29	3	Einzelne Punkte falsch
0.28	0.71	0.34	4	Einige Punkte falsch
0.7	n.b.	n.b.	2	Keine sinnvolle Kantenlinie
0.7	0.68	0.81	3	Einige Punkte falsch
0.7	0.73	0.73	4	Einige Punkte falsch
1.0	n.b.	n.b.	2	Keine sinnvolle Kantenlinie
1.0	n.b.	n.b.	3	Keine sinnvolle Kantenlinie
1.0	0.86	1.17	4	Einige Punkte falsch

Knickwinkel $\alpha = 30°$

σ	σ_{Kant}	$\sigma_{Geo\text{-}Korr}$	p_R	Bemerkung
0.0	0.0	0.0	2	Ideale Linie wird gefunden
0.0	0.0	0.0	3	Ideale Linie wird gefunden
0.0	0.0	0.0	4	Ideale Linie wird gefunden
0.07	0.05	0.15	2	Ideale Linie wird gefunden
0.07	0.09	0.15	3	Ein Punkt falsch
0.07	0.08	0.15	4	Ein Punkt falsch
0.14	0.21	0.30	2	Einzelne Punkte falsch
0.14	0.14	0.29	3	Zwei falsche Punkte
0.14	0.18	0.29	4	Einzelne Punkte falsch
0.28	0.15 - 0.8		2	Viele kurze Linienstücke
0.28	0.41	0.62	3	Einige Punkte falsch
0.28	0.33	0.59	4	Einzelne Punkte falsch
0.7	n.b.	n.b.	2	Keine sinnvolle Kantenlinie

0.7	0.2 - 0.8	n.b.	3	Viele kurze Linienstücke
0.7	0.62	1.35	4	Einige Punkte falsch
1.0	n.b.	n.b.	2	Keine sinnvolle Kantenlinie
1.0	n.b.	n.b.	3	Keine sinnvolle Kantenlinie
1.0	1.1	2.5	4	unterbrochene Linie, viele Punkte falsch

Knickwinkel $\alpha = 10°$

σ	σ_{Kant}	$\sigma_{Geo\text{-}Korr}$	p_R	Bemerkung
0.0	0.0	0.0	2	Ideale Linie wird gefunden
0.0	0.0	0.0	3	Ideale Linie wird gefunden
0.0	0.0	0.0	4	Ideale Linie wird gefunden
0.07	ca. 0.15	0.4	2	Viele kurze Linienstücke
0.07	0.17	0.43	3	Einzelne Punkte falsch
0.07	0.11	0.43	4	Einzelne Punkte falsch
0.14	n.b.	n.b.	2	Keine sinnvolle Kantenlinie
0.14	0.39	0.8	3	Einige Punkte falsch, Zickzacklinie
0.14	0.24	0.82	4	Einige Punkte falsch
0.28	n.b.	n.b.	2	Keine sinnvolle Kantenlinie
0.28	n.b.	n.b.	3	Keine sinnvolle Kantenlinie
0.28	0.84	1.50	4	Unterbrochene Linie, viele Punkte falsch
0.7	n.b.	n.b.	2	Keine sinnvolle Kantenlinie
0.7	n.b.	n.b.	3	Keine sinnvolle Kantenlinie
0.7	n.b.	n.b.	4	Keine sinnvolle Kantenlinie

Tabelle 5.2:   *Statistische Auswertung der automatisch lokalisierten Kantenlinie (mit und ohne Korrektur im Sub-Meßpunktbereich) in Abhängigkeit des Knickwinkels und der Rauschintensität.*
„n.b." steht für „nicht bestimmbar". In diesen Fällen konnte unter den gegebenen Randbedingungen keine sinnvolle Kantenlinie gefunden werden.

Abbildung 5.6 zeigt Bildschirmabzüge eines Teils der gefundenen Kantenlinie für Knickwinkel von 10, 30 und 60° bei optimal bestimmtem p_R. Als Bildausschnitt wurde immer das rechte Ende der Kantenlinie gewählt, der gewählte Bildausschnitt besteht jeweils aus ca. 125 x 21 Punkten und ist daher durchaus repräsentativ für die gesamte Kantenlinie.

Knickwinkel $\alpha = 60°$

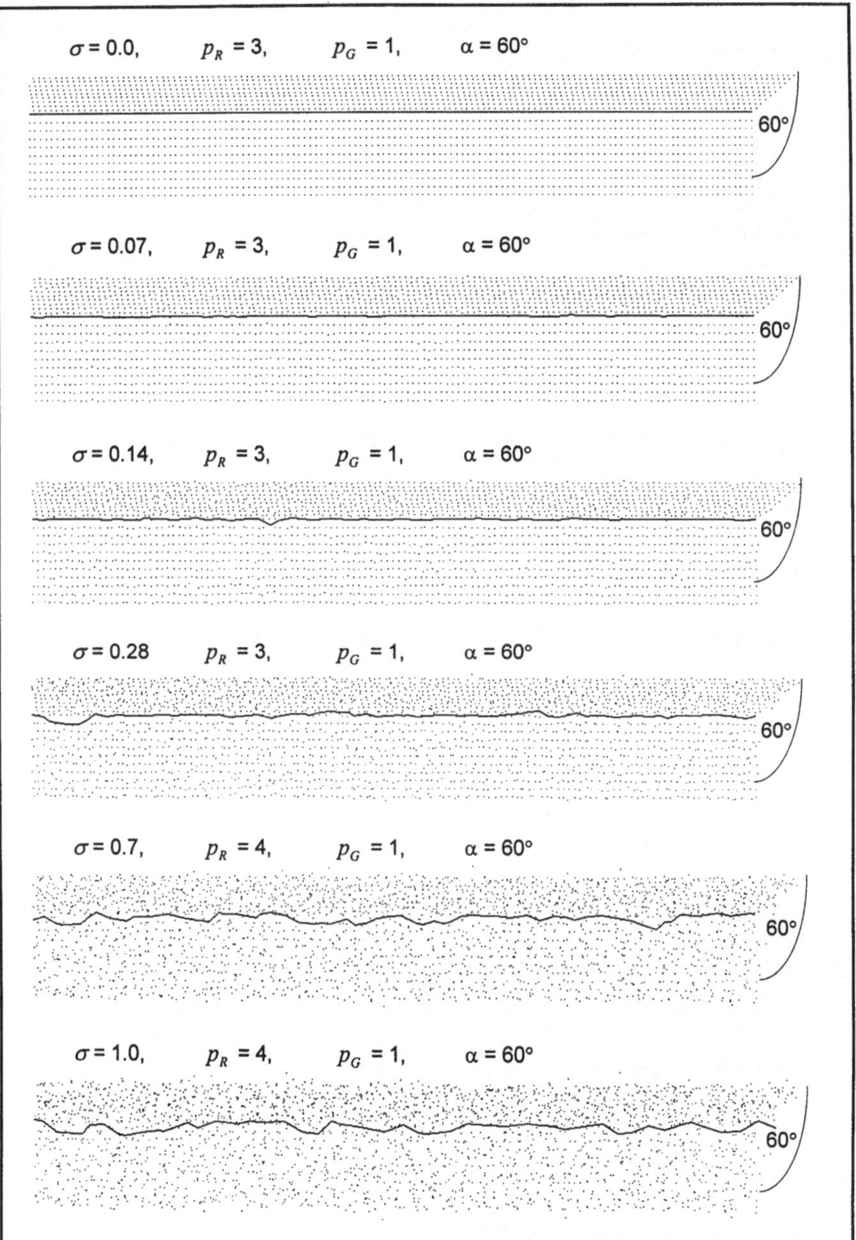

Bild 5.6a: Einfluß des Rauschens auf die automatisch lokalisierte Kantenlinie für $\alpha = 60°$

Knickwinkel $\alpha = 30°$

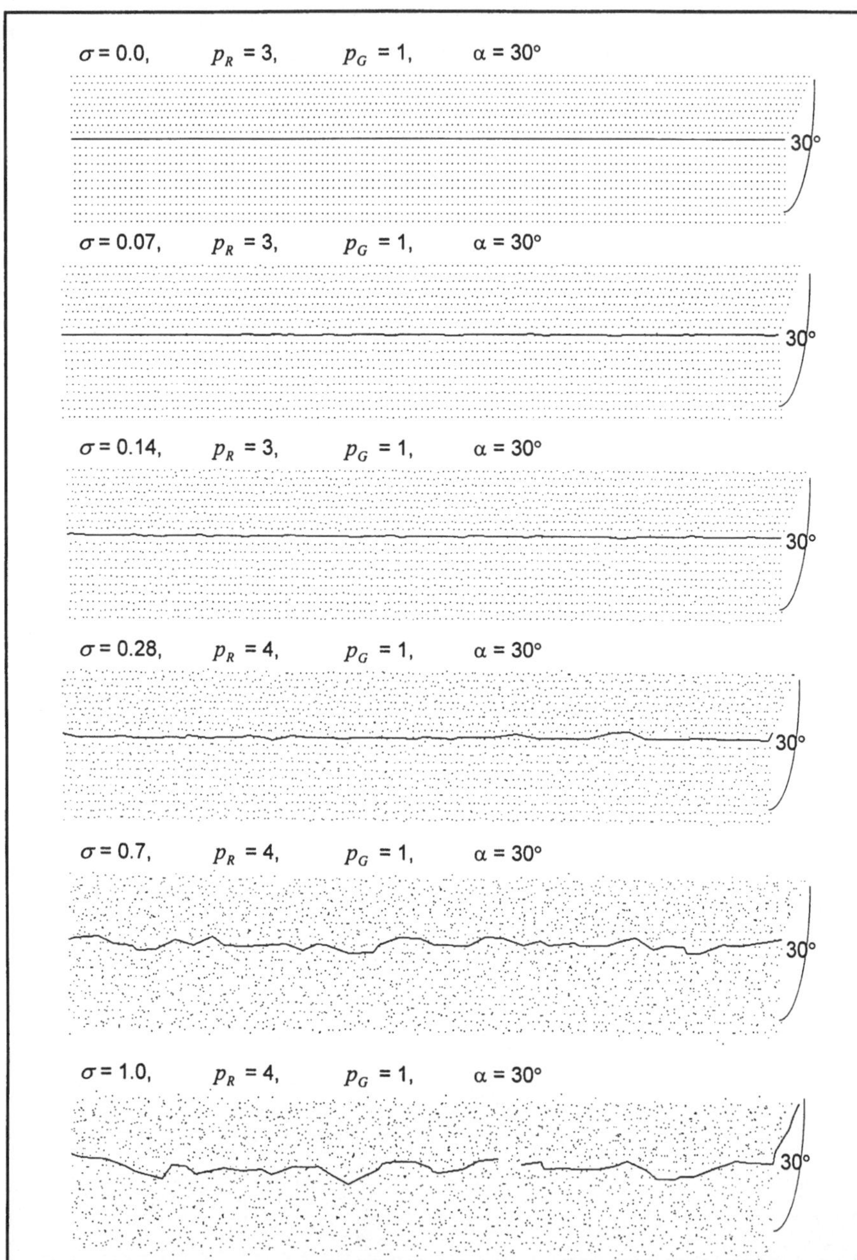

Bild 5.6b: Einfluß des Rauschens auf die automatisch lokalisierte Kantenlinie für $\alpha = 30°$

Knickwinkel $\alpha = 10°$

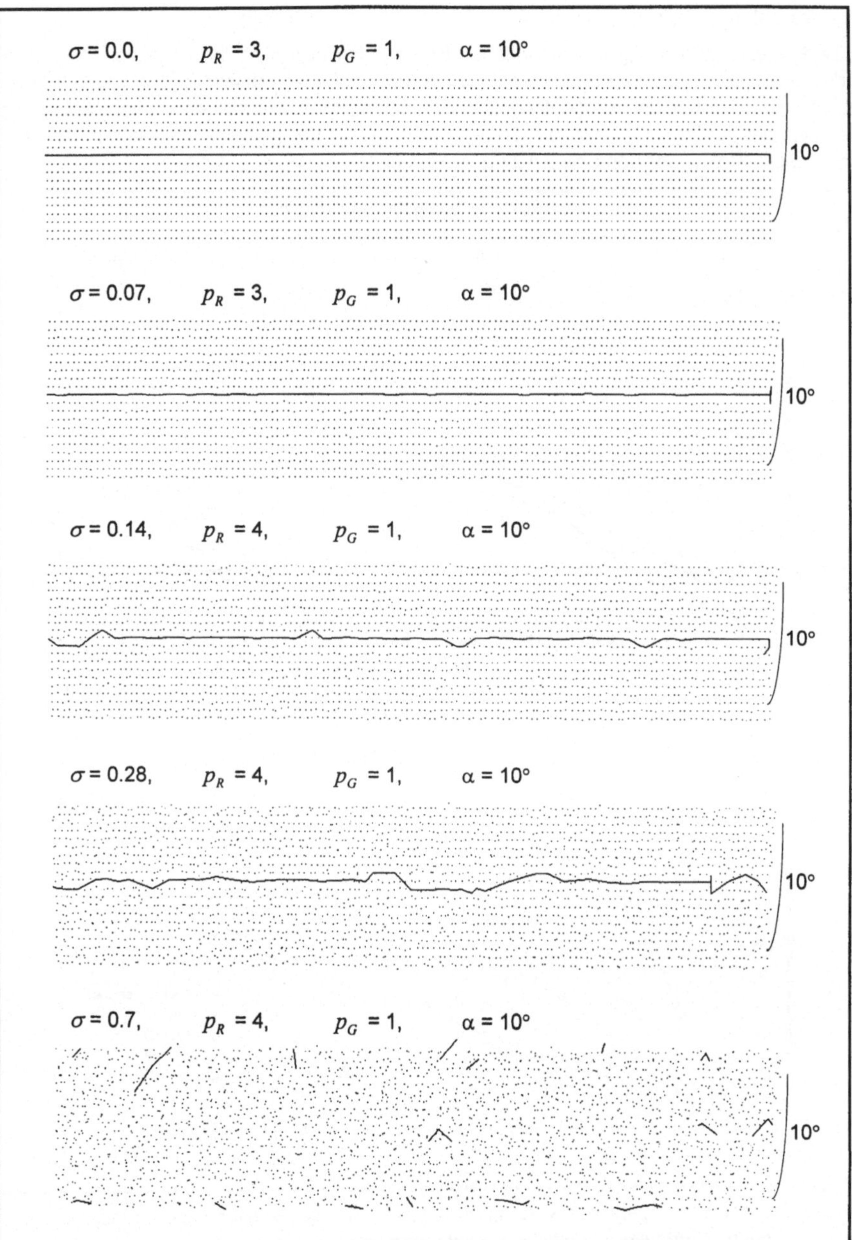

Bild 5.6c: Einfluß des Rauschens auf die automatisch lokalisierte Kantenlinie für $\alpha = 10°$

5.4.2 Interpretation der Ergebnisse und Bestimmung der optimalen Parameter

Winkelabhängigkeit und Stabilität bezüglich Rauscheinflüssen

Die Standardabweichung der gefundenen Kantenlinien bezüglich der Lage der theoretisch idealen Kante ist in Bild 5.7 für verschiedene Kantenwinkel α abgebildet (vgl. auch Tabelle 5.2). Auf der Abszisse ist die Intensität des statistischen Rauschens σ der Meßpunkte aufgetragen, auf der Ordinate die Standardabweichung der gefundenen Kantenlinien ohne bzw. mit Korrektur der Kantenlinien im Sub-Meßpunktbereich (σ_{Kant} bzw. $\sigma_{Geo-Korr}$).

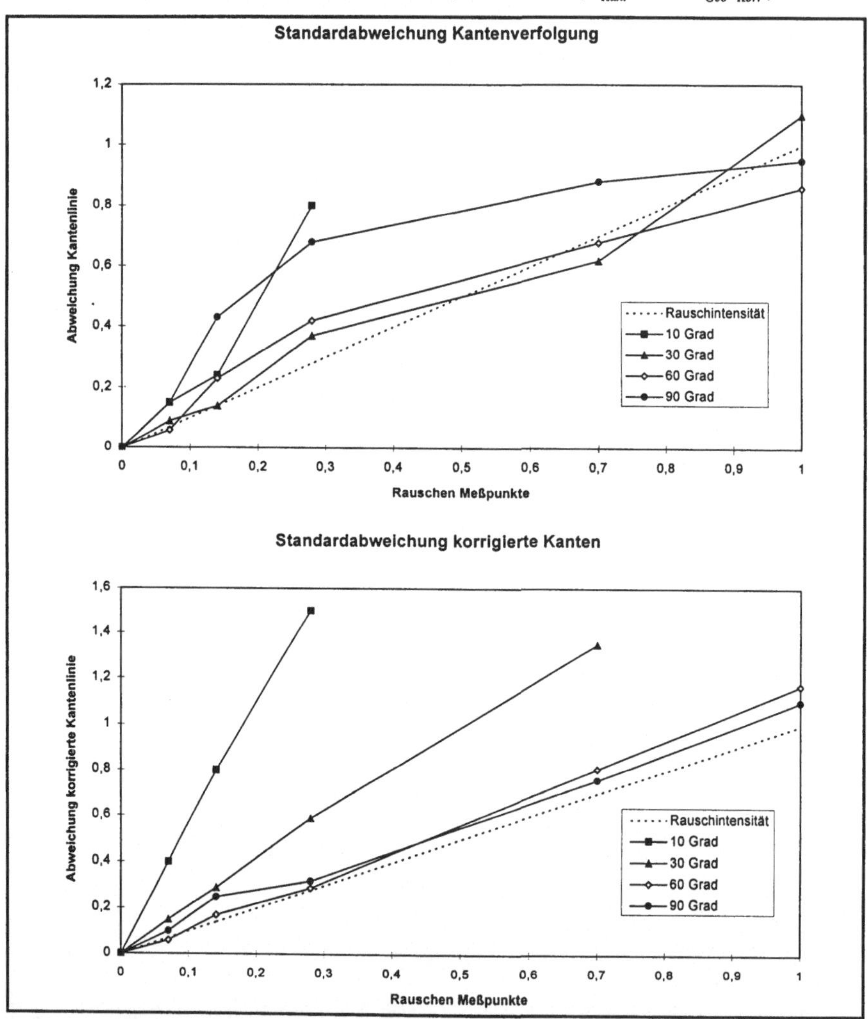

Bild 5.7: Stabilität der gefundenen Kantenlinien bezüglich des Rauschens der Meßpunkte
oben: Kantenverfolgung ohne Kantenkorrektur (σ_{Kant})
unten: Nach Korrektur der Kantenlinien im Sub-Meßpunktbereich ($\sigma_{Geo-Korr}$).

Die Standardabweichung der berechneten Kantenlinien bezüglich der theoretisch idealen Lage der Kante liegt grob im Bereich des statistischen Rauschens der Meßpunkte (gestrichelte Linie). Dies stellt ein hervorragendes Ergebnis dar. Allerdings werden entgegen naheliegenden Vermutungen ohne Korrektur der Kantenlinie die besten Ergebnisse für Kantenwinkel α zwischen 30 und 60° erreicht. Bei $\alpha = 90°$ sind die Berechnungsergebnisse bei geringem Rauschen sogar schlechter als bei Kantenwinkeln von lediglich 10°. Erst bei stärkeren Rauscheinflüssen ($\sigma \geq 0.3$) hat die stärker ausgeprägte Kante auch einen positiven Einfluß auf die Berechnungsergebnisse. Während bei α zwischen 60 und 90° und $\sigma = 1.0$ noch eine sinnvolle Kantenlinie mit einem für diese Rauschintensität hervorragenden σ_{Kant} von ca. 0.9 berechnet werden kann, liegt die maximal zulässige Rauschintensität für $\alpha = 10°$ bei $\sigma \approx 0.3$ (vgl. auch Tabelle 5.2).

Dem unteren Graphen in Bild 5.7 ist zu entnehmen, daß die Korrektur der Kantenlinie im Sub-Meßpunktbereich die Berechnungsergebnisse bei $\alpha > 60°$ und $\sigma <\approx 0.7$ erheblich verbessert. Für $\alpha <\approx 30°$ führt die Korrektur allerdings zu einer Verschlechterung der Berechnungsergebnisse. Zur Verdeutlichung dieser Effekte ist die Winkelabhängigkeit der Kantenverfolgung und Kantenkorrektur für $\sigma = 0.28$ ($p_R = 3$, $p_G = 1$) in Bild 5.8 über einen breiten Winkelbereich dargestellt.

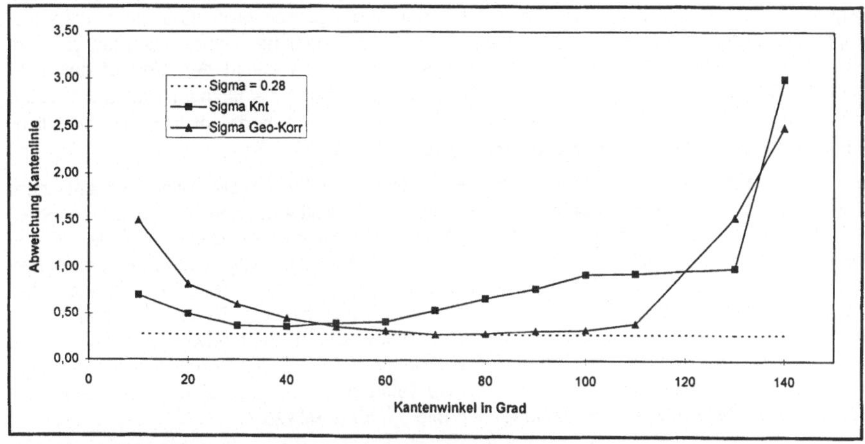

Bild 5.8: Stabilität von Kantenverfolgung und Kantenkorrektur in Abhängigkeit des Knickwinkels α der betrachteten Kante.

Für $\alpha <\approx 45°$ ist das Ergebnis der Kantenverfolgung ohne anschließender Korrektur besser als das korrigierte Ergebnis. Für $\alpha >\approx 45°$ zeigt jedoch das korrigierte Ergebnis eine wesentlich geringere Standardabweichung von der theoretisch idealen Lage der Kante. Für α zwischen 60 und 100° liegt das korrigierte Ergebnis ziemlich exakt bei der Standardabweichung des statistischen Rauschens der Meßpunktmenge. Für Meßdaten eines Sensors mit $\sigma \approx 0.3$ empfiehlt sich daher eine Kantenkorrektur, falls $\alpha > 45°$ beträgt.

Neben dem Anstieg der Abweichung der nicht korrigierten Kantenlinie für $\alpha >\approx 45°$ fällt auch das sprunghafte Anwachsen der Abweichungen für $\alpha >\approx 120°$ auf. Beide Phänomene sind darauf zurückzuführen, daß Algorithmen zur Verarbeitung unstrukturierter Meßpunktmengen entwickelt wurden. Die Nachbarschaftsbeziehungen von Meßpunkten mußten daher aufgrund des Suchkugelkriteriums aus Kapitel 4 definiert werden. Der Normalenvektor im Meßpunkt wird durch Berechnung einer Ausgleichsebene in der Nachbarmenge bestimmt.

Die für die Kantenverfolgung zugrundegelegten Krümmungen stellen Differenzen dieser Normalenvektoren dar (siehe Abschnitt 5.1). Bild 5.9 zeigt schematisch den Verlauf der Normalenvektoren für Kanten mit unterschiedlichen Knickwinkeln. Zusätzlich ist jeweils noch der Normalenvektor im vorhergehenden Punkt gestrichelt eingezeichnet, sofern dieser sich vom aktuellen Normalenvektor unterscheidet. Der Winkel zwischen diesen beiden Normalenvektoren stellt näherungsweise ein Maß für die Krümmung im betrachteten Punkt dar.

Bei einem Knickwinkel α von 15° tritt nur am eigentlichen Kantenpunkt ein Krümmungswert ungleich null auf (siehe Bild 5.9c). Dieser Krümmungswert ist zwar klein (zu sehen am kleinen Winkel zwischen den beiden Normalenvektoren), läßt sich aber bei geringem Rauschen der Meßpunkte zuverlässig lokalisieren. Bei größerem Rauschen geht die kantenbedingte kleine Krümmung allerdings schnell in den durch das Rauschen verursachten Krümmungswerten unter und eine Kantenverfolgung wird unmöglich (vgl. Tabelle 5.2 und Bild 5.7).

Bei α = 90° betrachtet man schon bei dem zur Kante benachbarten Punkt einen beträchtlichen Krümmungswert, der sich kaum von dem des Kantenpunktes unterscheidet (Bild 5.9e bzw. f). Daher kann es schon bei geringfügigen Rauscheinflüssen dazu kommen, daß der zur Kante benachbarte Punkt einen höheren Krümmungswert besitzt als der Kantenpunkt selbst. Die erzeugte Kantenlinie kann also u.U. um einen Punkt „daneben liegen". Da die Krümmungswerte im Bereich der Kante jedoch groß sind, kann man die ungefähre Lage der Kante - auf ca. einen Meßpunkt hin oder her - auch noch bei großem Rauschen zuverlässig bestimmen. Genau dieses Phänomen erklärt den Verlauf der 90°-Kurve in Bild 5.7 oben. Nach dem schnellen Ansteigen schon bei kleinem Rauschen bleibt die Kurve dann sehr stabil im Bereich $\sigma_{Kant} <\approx 1$ (σ_{Kant} = 1 bedeutet ja durchschnittlich einen Meßpunkt Fehler bei der Kantenverfolgung).

Für α = 150° beobachtet man trotz des großen Kantenwinkels keine wesentlichen Differenzen der Normalenvektoren (Bild 5.9g bis i) und somit - mit den hier implementierten Algorithmen - auch keine Krümmungen. Auch in beträchtlicher Entfernung der Kante befinden sich Punkte, welche zu verschiedenen Flächen des Bauteils gehören, innerhalb der selben Suchkugel. Die dadurch verursachten Fehler bei der Berechnung der Normalenvektoren verhindern eine Detektion dieser Kante. Zusätzlich muß man berücksichtigen, daß die Orientierung der Normalenvektoren nur modulo 180° definiert ist (vgl. Abschnitt 5.1) und somit eine 150°-Kante allein aufgrund der Normalenvektoren nicht von einer 30°-Kante zu unterscheiden ist. Diese Tatsachen sind verantwortlich für das starke Ansteigen der berechneten Abweichungen in Bild 5.8 für $\alpha >\approx 120°$.

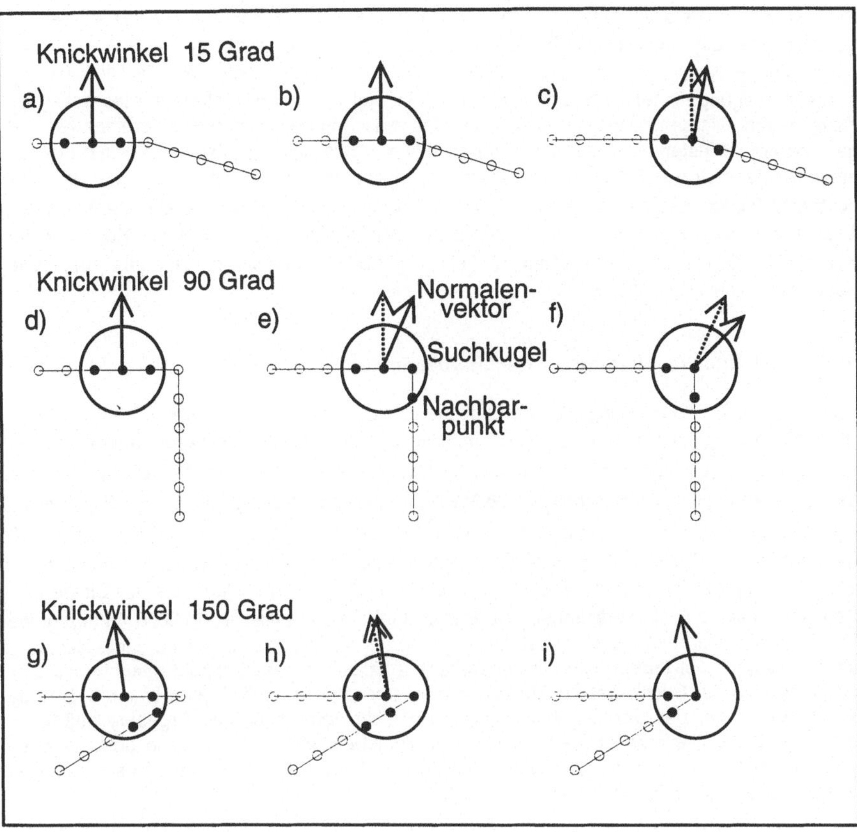

Bild 5.9: Schematischer Verlauf der Normalenvektoren für Kanten mit unterschiedlichen Knickwinkeln.

Korrektur im Sub-Meßpunktbereich

Aus Tabelle 5.2, Bild 5.7 und Bild 5.8 läßt sich entnehmen, daß die Korrektur der Kantenlinie im Sub-Meßpunktbereich die durchschnittliche Abweichung der Punkte auf der Kantenlinie bezüglich der theoretisch idealen Kante bei großen Knickwinkeln und bei kleinem Rauschen um einen Faktor 1.5 bis 5 verringern kann. Bei kleinen Knickwinkeln oder bei großem Rauschen ist das korrigierte Ergebnis jedoch bis zu dreimal schlechter als die nicht korrigierte Kantenlinie. Grund hierfür ist, daß die Normalenvektoren und somit auch $\hat{\Omega}_{0i}$ und $\hat{\Omega}_{1i}$ im letzteren Fall nicht stabil genug bestimmt werden können. Hierbei muß man jedoch folgendes berücksichtigen: Um aussagekräftige Vergleiche durchführen zu können, wurden die Testdatensätze so erzeugt, daß vor der Addition des Rauschvektors die Punkte mit $y = 11$ immer genau auf der Kante lagen. In der Praxis ist das jedoch nicht der Fall. Ein 3D-Sensor nimmt nie einen Punkt exakt auf einer Kante auf. Daher hat man selbst ohne Rauschen eine Abweichung der gefundenen Kantenlinie von der theoretisch idealen Lage der Kante. In diesen Fällen kann die Kantenkorrektur auch bei kleinen Winkeln und mittleren Rauschintensitäten eine Verbesserung der automatisch lokalisierten Kanten bewirken.

Dies wurde am Beispiel $\alpha = 30°$, $\sigma = 0.14$ verifiziert. Die berechneten Punkte wurden so gewählt, daß die theoretische Kantenlinie in der Mitte von zwei Punktereihen lag. Die automatische Kantenverfolgung ergab das Ergebnis $\sigma_{Kant} = 0.49$. Der Algorithmus zur Kantenverfolgung findet also diejenigen Punkte, welche am nächsten zur theoretischen Kante liegen. Die gefundene Kantenlinie pendelt zwischen den beiden Punktereihen hin und her, die am nächsten zur theoretischen Kante liegen (die nicht verrauschten Punkte haben einen Abstand von 0.5 zur Kante!). Nach der Kantenkorrektur wurde $\sigma_{Geo-Korr}$ zu 0.29 bestimmt (exakt der gleiche Wert wie im Fall, daß Punkte genau auf der Kante liegen, Tabelle 5.2, 30°, $\sigma = 0.14$, $p_R = 3$ oder 4). In der Realität kommt also der Korrektur der Kantenlinie im Sub-Meßpunktbereich eine größere Bedeutung zu, als bei den Testdatensätzen aus Tabelle 5.2.

Einfluß des Suchkugelradius zur Nachbarbestimmung

Von wesentlicher Bedeutung für die Qualität der automatisch lokalisierten Kantenlinie ist weiterhin der Suchparameter p_R (Bestimmung der Nachbarmenge durch Suchkugel mit Radius $R = p_R \cdot d_m$). Bei großen Knickwinkeln und kleinen Rauschintensitäten bekommt man für $p_R = 3$ (entspricht durchschnittlich 28 Nachbarn in der Suchkugel) die besten Ergebnisse, während bei kleinerem α oder größerem σ für $p_R = 4$ (entspricht durchschnittlich 48 Nachbarn in der Suchkugel) die optimalen Ergebnisse erzielt werden. In der Praxis hat auch noch ein anderes Phänomen einen wesentlichen Einfluß auf die Wahl von p_R: Einige 3D-Sensoren (wie z.B. Laserscanner mit Flying-Spot Technologie /HYMA95/) nehmen die Meßpunkte linienförmig auf, wobei oft der Abstand der Meßpunkte längs einer Linie kleiner ist als der Abstand der Meßpunkte auf benachbarten Linien. Hier muß darauf geachtet werden, daß innerhalb der Suchkugel Punkte von mindestens zwei verschiedenen Linien liegen, da sonst bereits bei der Normalenberechnung ein nicht vorhersehbares Ergebnis auftritt. In diesen Fällen sollte man entweder vorher die Punktabstände auf der Linie und zwischen verschiedenen Linien durch geeignete Ausdünnverfahren einander angleichen oder mit ausreichend großem p_R arbeiten.

Einfluß der Richtungsgewichtung

Bei der Kantenverfolgung kann über den Parameter p_G (Formel 5.14 in Abschnitt 5.2.3) gesteuert werden, wie stark die Richtungsgewichtung, berechnet aus dem Kreuzprodukt der gruppierten Normalenvektoren, bei der Bestimmung des besten Kantensegments ins Gewicht fallen soll. Der Einfluß von p_G auf die gefundene Kantenlinie ist in Bild 5.10 für $\sigma = 0.14$, $\alpha = 30°$ und $p_R = 3$ dargestellt. Bei $p_G = 0$ wird die Wahl des Kantensegments lediglich durch die berechneten Krümmungen der Meßpunkte bestimmt. Hierbei treten erhebliche Schwankungen in der automatisch lokalisierten Kantenlinie auf, die dadurch bedingt sind, daß vereinzelte Punkte dicht neben der Kante, aufgrund der Addition des Rauschvektors, einen höheren Krümmungswert besitzen als der Kantenpunkt selbst. Mit zunehmendem p_G nimmt dieser Effekt ab, da die Richtungsgewichtung das Kantensegment in Richtung des tatsächlichen Kantenverlaufs zwingt. Bei $p_G = 1$ wird die theoretisch ideale Kantenlinie gefunden.

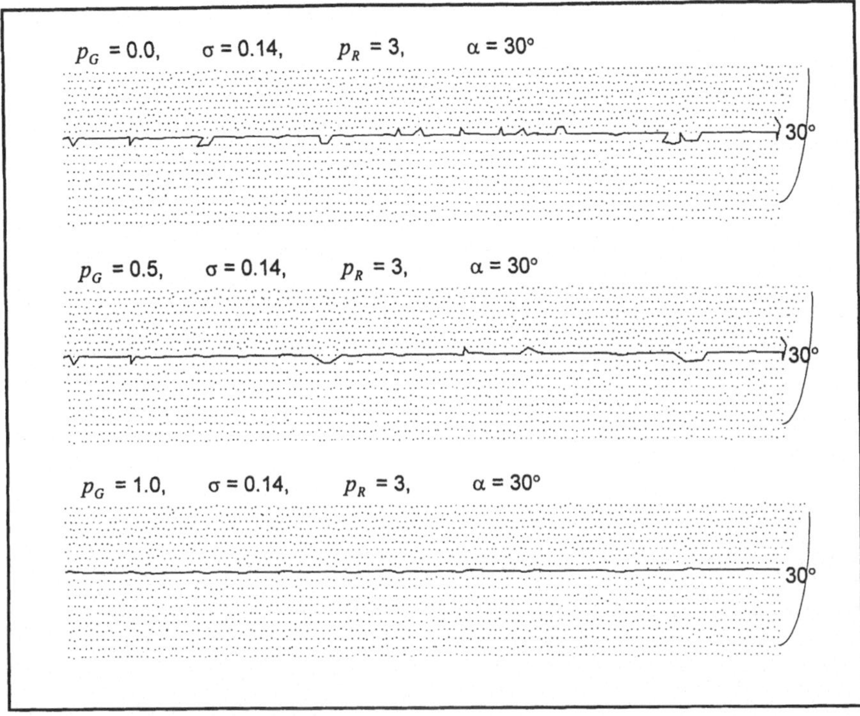

Bild 5.10: Einfluß der Richtungsgewichtung (Parameter p_G) auf die gefundene Kantenlinie.

Zusammenfassende Beurteilung

Bei geringem Rauschen der Meßpunkte (σ < 0.15) können mit den entwickelten und implementierten Algorithmen zur automatischen Kantenverfolgung selbst scharfe Kanten mit Knickwinkeln von lediglich 10° zuverlässig automatisch lokalisiert werden. Auch bei größeren Rauschintensitäten werden bei optimaler Parameterbestimmung Ergebnisse erzielt, bei denen σ_{Kant} im Bereich σ oder gar besser liegt. Diejenigen Punkte, welche am nächsten zur theoretischen Kante liegen, werden also gefunden. Die vereinzelten Fälle mit σ_{Kant} < σ können so erklärt werden, daß ein Punkt, der durch einen großen Rauschvektor weit von der theoretischen Kante weggeschoben wurde, bei der Kantenverfolgung ausgelassen wird (das ist für p_R >= 2 bei starker Richtungsgewichtung p_G = 1 durchaus realistisch). Somit sind diese Ergebnisse besser, als wenn man alle Punkte mit y=11 (also diejenigen, die vor der Addition des Rauschvektors exakt auf der Kante lagen) mit einer Linie verbinden würde.

Die implementierten Algorithmen können im praktischen Einsatz als Segmentierungshilfe einer komplexen 3D-Meßpunktmenge hervorragende Ergebnisse liefern. Eine vorherige Glättung der Meßpunktmenge ist nicht nötig, sofern der zur Digitalisierung verwendete 3D-Sensor eine Meßunsicherheit im Bereich σ < 0.3 besitzt. Als Standardparameter werden p_R = 3 und p_G = 1.0 empfohlen, wobei eine Korrektur der Kantenlinie im Sub-Meßpunktbereich durchgeführt werden sollte, falls α > 45° ist.

Kapitel 6

Bestimmung von Radiusauslauflinien

In Kapitel 2.5 wurden bestehende Ansätze zur automatischen Lokalisierung von Ausrundungen und Radiusauslauflinien in 3D-Meßpunktmengen beschrieben. Diese Automatisierungsansätze lassen sich im Bereich der Flächenrückführung nicht sinnvoll einsetzen, da sie folgende Defizite aufweisen:

- Voraussetzung für die Anwendung dieser Algorithmen ist eine wohlgeordnete, hinterschneidungsfreie Meßpunktmenge. Diese Voraussetzung ist bei der Flächenrückführung im allgemeinen nicht gegeben

- Die Aufteilung der Meßpunktmenge in verschiedene Bereiche (und die Bestimmung der Radiusauslauflinien als Trennlinien der Bereiche) erfolgt lediglich aufgrund von Krümmungseigenschaften (Aufteilung der Meßpunkte anhand von Krümmungsschwellwerten). Die Meßpunkte im Übergangsbereich zwischen einer schwach und einer stark gekrümmten Fläche lassen sich aufgrund der Tiefpaßfilterung bei der Krümmungsberechnung nicht eindeutig einem Bereich zuordnen. Das führt dazu, daß die genaue Lage der Segmentgrenze vom gewählten Krümmungsschwellwert abhängig ist. Die gesuchten Radiusauslauflinien können daher mit dieser Methode nicht zuverlässig bestimmt werden.

Um eine zuverlässige, von Krümmungsschwellwerten unabhängige Bestimmung von Radiusauslauflinien zu gewährleisten, wurde im Rahmen dieser Arbeit ein Algorithmus entwickelt und implementiert, der nach einer minimalen Vorgabe durch den Benutzer eine automatische Extraktion der Radiusauslauflinien einer Ausrundung ermöglicht.

6.1 Reduktion auf eine Serie von 2D-Problemen

6.1.1 Begriffsdefinition

In den folgenden Abschnitten werden eine Reihe von Begriffen verwendet, die anhand von Bild 6.1 definiert werden.

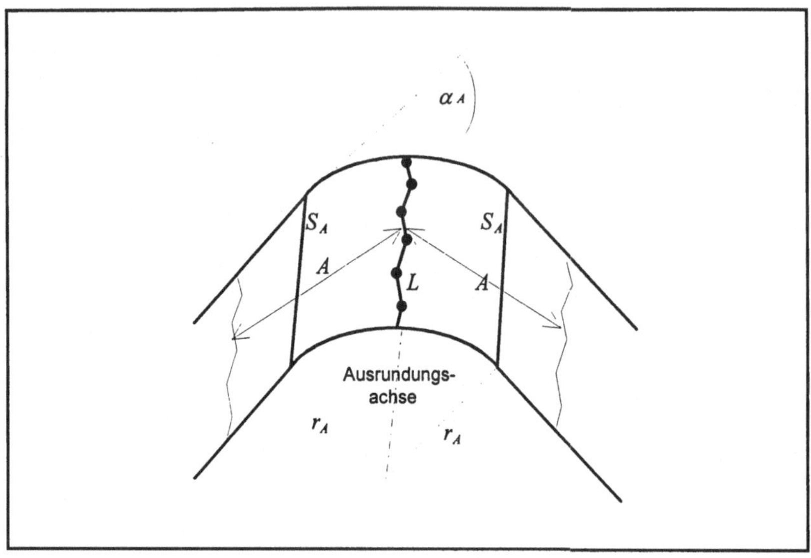

Bild 6.1: Definition von Begriffen für die automatische Extraktion von Radiusauslauflinien einer Ausrundung

α_A : Winkel zwischen den ausgerundeten Flächen

r_A : Ausrundungsradius

S_A : Radiusauslauflinien (gesuchte Segmentgrenzen der Ausrundung)

L : Vom Benutzer vorgegebene Leitlinie zur Bestimmung der Radiusauslauflinien (offener oder geschlossener Polygonzug)

A : Vom Benutzer vorgegebene Arbeitsumgebung um L zur Bestimmung der Radiusauslauflinien

Anmerkung:

Die Ausrundungsachse und der Ausrundungsradius r_A sind nur dann definiert, falls die Ausrundung einen kreisförmigen Querschnitt besitzt (Ausrundung ist z.B. Teil einer Zylinderfläche). Die im folgenden beschriebenen Algorithmen zur Bestimmung von S_A lassen sich jedoch auf beliebig geformte Ausrundungsquerschnitte anwenden.

6.1.2 Motivation für die Verwendung einer Leitlinie

Will man Radiusauslauflinien vollautomatisch, ohne eine Benutzervorgabe extrahieren, so gliedert sich die Lösung dieses Problems in die folgenden Teilaufgaben:

1. Automatische Identifikation eines Bereichs in MP, in dem eine Ausrundung vorliegt

2. Automatische Bestimmung der Leitlinie L der Ausrundung

3. Automatische Bestimmung eines Arbeitsbereichs A um L, in dem S_A zu erwarten ist

4. Automatische Bestimmung von S_A unter Zuhilfenahme von 1. bis 3.

Die Schwierigkeiten bei den vorhandenen Ansätzen zur automatischen krümmungsbasierten Segmentierung von Meßpunktmengen /HOOV96/, /TRUC95/, /BOYE94/, /TRUC92/, /BHAN92/ deuten darauf hin, daß eine zuverlässige und exakte vollautomatische Extraktion aller Radiusauslauflinien aus einer mit Meßfehlern behafteten Meßpunktmenge MP nicht realistisch ist. Aus diesem Grund baut der im Rahmen dieser Arbeit entwickelte Algorithmus zur automatischen Bestimmung von S_A auf einer vom Benutzer vorgegebenen Leitlinie L und einer vorgegebenen Arbeitsumgebung A um L auf.

6.1.3 Definition der Leitlinie

Manuelle Definition der Leitlinie

Als Ausgangsinformation für die Bestimmung von S_A gibt der Benutzer eine Leitlinie L durch Anwählen einer Reihe von Punkten aus MP vor. Die Leitlinie wird so gewählt, daß sie ungefähr in der Mitte der Ausrundung liegt und ihre Richtung mit der lokalen Achsrichtung der Ausrundung übereinstimmt. Bei Ausrundungen, deren Achse eine Gerade darstellt (Ausrundung ist z.B. Ausschnitt aus einem Zylinder) kann die Leitlinie durch zwei Punkte definierte werden (siehe Bild 6.2a), während bei einer Ausrundung mit gekrümmter Achse mehrere Punkte angewählt werden müssen (Bild 6.2b).

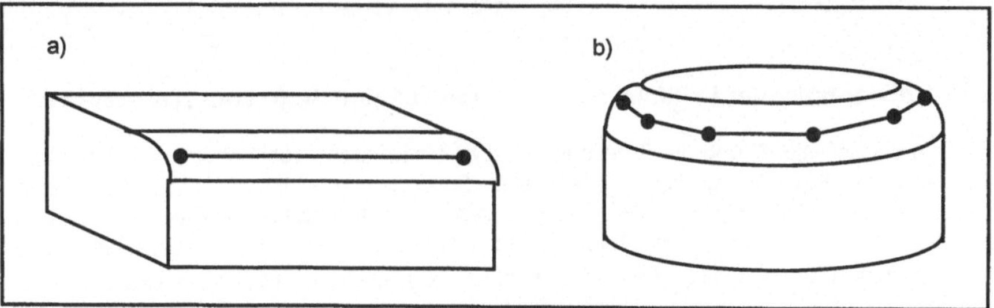

Bild 6.2: Manuelle Definition einer Leitlinie durch den Benutzer
a) Ausrundungsachse ist eine Gerade
b) Ausrundungsachse ist gekrümmt

Die Definition von L wird dem Benutzer durch vorige Krümmungsberechnung mit Hilfe der Algorithmen aus Abschnitt 5.1.3 und durch andersfarbige Darstellung der Meßpunkte in den stark gekrümmten Bereichen erleichtert. Nach der Definition von L gibt der Benutzer die Größe der Arbeitsumgebung A durch Eingabe des Parameters p_A mit $A = p_A \cdot d_m$ vor. Zur Bestimmung von S_A werden jetzt nur noch diejenigen Punkte von MP berücksichtigt deren Abstand von L kleiner als A ist.

Automatische Definition der Leitlinie

Unter günstigen Bedingungen ($r_A < 10 \cdot d_m$, $\alpha_A > 45^0$, $\sigma < 0.1$) kann L mit Hilfe der Algorithmen zur Kantenverfolgung aus Abschnitt 5.2 automatisch bestimmt werden, indem eine Kantenlinie in der Mitte der Ausrundung erzeugt wird. Hierzu muß der Parameter p_S geeignet gewählt werden (kleiner als bei der Bestimmung von scharfen Kanten, $p_S \lessapprox 0.8$). Der Benutzer muß dann lediglich einen Bereich der automatisch extrahierten Kante anwählen, der als Leitlinie für die Bestimmung der Radiusauslauflinien verwendet werden soll, und die Größe von A vorgeben.

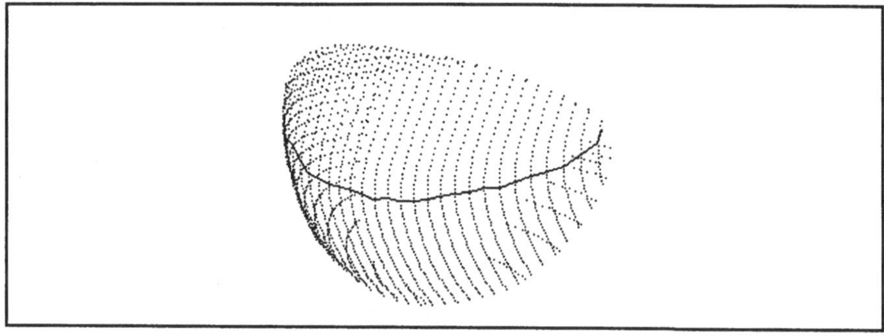

Bild 6.3: Automatisch erzeugte Leitlinie an einer Ausrundung mit Hilfe der Algorithmen zur automatischen Kantenverfolgung

6.1.4 Verwendung der Leitlinie zur Reduktion auf eine Serie von 2D-Problemen

Wurden die Leitlinie L und die Arbeitsumgebung A wie oben beschrieben vorgegeben, so läßt sich die Bestimmung von S_A auf eine Serie von zweidimensionalen Problemen reduzieren. Betrachtet man z.B. eine zylindrische Ausrundungsfläche zwischen zwei Ebenen und denkt sich einen Querschnitt Q senkrecht zur Achse der Ausrundung (bzw. senkrecht zu L), so erhält man in Q einen Linienzug, bestehend aus einem Kreisbogen zwischen zwei Geraden.

In einer 3D-Meßpunktmenge kann die Geometrieinformation eines Querschnitts Q gebildet werden, indem Meßpunkte aus einer Umgebung ϵ in geeigneter Weise auf Q projiziert werden. Die Bestimmung der Radiusauslauflinien reduziert sich dann auf eine bestmögliche Zerlegung der Punktmenge MQ auf Q in zwei Geraden und einen Kreisbogen und die Bestimmung der dominanten Punkte S_Q zwischen diesen Geometrieelementen (siehe Bild 6.8). Da der Querschnitt Q eine Ebene darstellt, handelt es sich hierbei um ein zweidimensionales Kontursegmentierungsproblem. Hierfür findet man in der einschlägigen Literatur zur Bildverarbeitung eine Reihe von Lösungen /ICHO96/, /PEI96/, /RAUH93/, /PERE92/, /WUES91/, /LANG91/, TEH89/.

Die im Rahmen dieser Arbeit entwickelte Methode zur Bestimmung von Radiusauslauflinien ist in Bild 6.4 zusammengefaßt und wird in den folgenden Abschnitten ausführlich dargelegt.

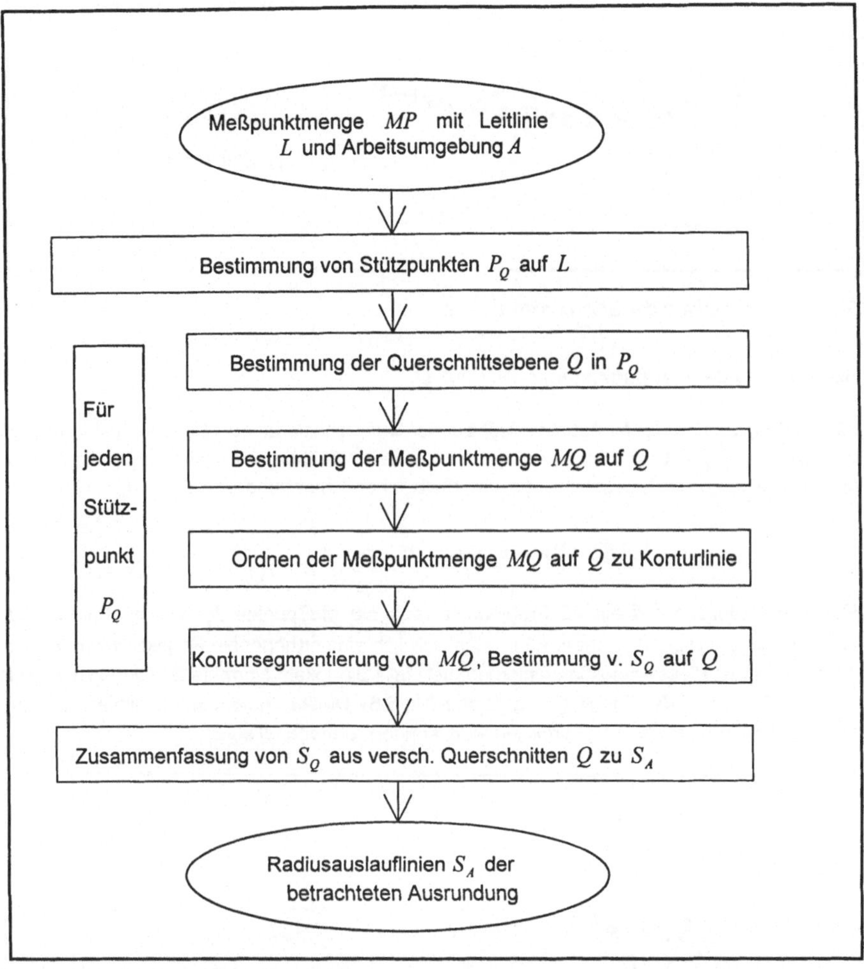

Bild 6.4: Vorgehensweise bei der Bestimmung von Radiusauslauflinien einer Ausrundung

Bestimmung von Stützpunkten und der zugehörigen Querschnittsebenen

Um eine äquidistante Verteilung der Querschnittsebenen Q zu erhalten, werden auf L eine Serie von Stützpunkten P_Q im Abstand $p_L \cdot d_m$ erzeugt ($p_L \approx 3$). Die Stützpunkte P_Q sind die Aufpunkte von Q. Der Normalenvektor von Q wird durch den lokalen Richtungsvektor $\vec{l}_Q$ von L in P_Q definiert.

$$Q : \qquad (\vec{x} - \vec{x}_Q) \cdot \vec{l}_Q = 0 \qquad\qquad 6.1$$

$\vec{x}$: beliebiger Punkt auf Q

$\vec{x}_Q$: Koordinaten von P_Q

$\vec{l}_Q$: normierter Richtungsvektor von L in P_Q

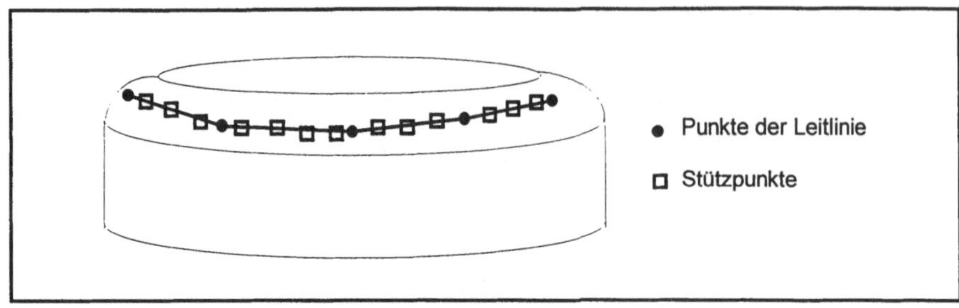

Bild 6.5: Bestimmung der Stützpunkte P_Q

Bestimmung der Meßpunktmenge MQ auf Q

Für die Bestimmung der Meßpunkte MQ auf der Querschnittsebene Q werden mit Hilfe des in Abschnitt 4.1.4 beschriebenen Algorithmus zur Nachbarpunktbestimmung diejenigen Meßpunkte $P_i \in MP$ bestimmt, die innerhalb einer Umgebung von $\pm p_L \cdot d_m / 2$ um Q liegen:

$$MQ: \quad \left| (\vec{x}_i - \vec{x}_Q) \cdot \vec{l}_Q \right| < p_L \cdot d_m / 2 . \qquad 6.2$$

Für eine Reduktion auf ein 2D-Problem müssen die Meßpunkte P_i, welche Formel 6.2 erfüllen, auf Q projiziert werden. Führt man lediglich eine orthogonale Projektion von P_i auf Q durch, so ist diese Projektion fehlerbehaftet, falls die lokale Normale $\vec{n}_i$ (siehe Abschnitt 5.1.2) in P_i nicht in der Ebene Q liegt (siehe Bild 6.6). Dieser Fehler kann minimiert werden, falls P_i nicht orthogonal auf Q projiziert wird, sondern orthogonal zu $\vec{n}_i$.

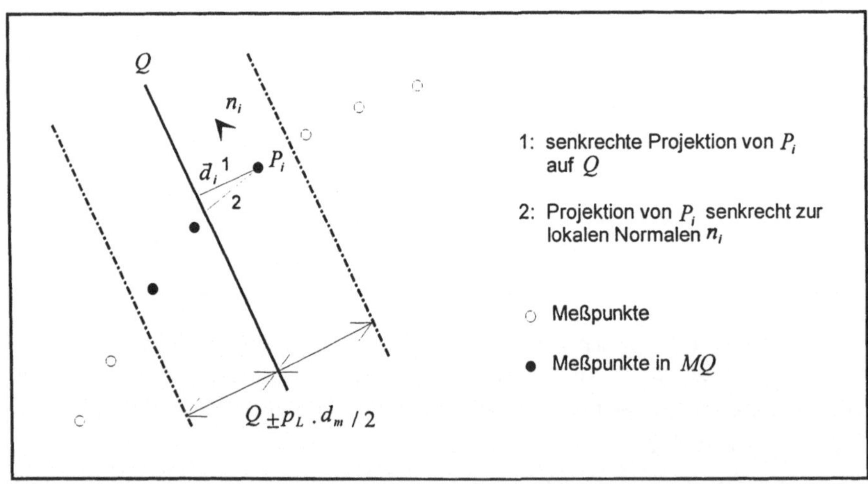

Bild 6.6: Projektion von P_i auf Q orthogonal zur lokalen Normalenrichtung $\vec{n}_i$ in P_i

Diese Projektion läßt sich formal als Schnittproblem der drei Ebenen:

$$Q: \quad (\vec{x} - \vec{x}_Q) \cdot \vec{l}_Q = 0$$

$$T: \quad (\vec{x} - \vec{x}_i) \cdot \vec{n}_i = 0 \qquad\qquad 6.3$$

$$H: \quad (\vec{x} - \vec{x}_i) \cdot (\vec{n}_i \times \vec{d}_i) = 0$$

formulieren, wobei T die Tangentialebene von MP in P_i darstellt und H eine Hilfsebene ist. Der Projektionspunkt $\vec{x}$ wird durch Lösung des linearen Gleichungssystems 6.3 bestimmt.

Ordnen der Meßpunktmenge MQ auf Q zu einer Konturlinie

Die Meßpunktmenge MQ ist nach der Projektion auf Q zunächst ungeordnet. Um die in der Literatur vorhandenen Algorithmen zur Kontursegmentierung anwenden zu können, muß MQ zu einer Konturlinie geordnet werden. Unter den gegebenen Randbedingungen (Punktmenge MQ beschreibt einfache Geometrie wie z.B. einen Kreisbogen und zwei Geraden) kann das Ordnen der Punkte zu einer Konturlinie durch folgenden einfachen Algorithmus realisiert werden:

1. Es wird derjenige Meßpunkt aus MQ bestimmt, welcher am weitesten von P_Q entfernt ist. Dieser bildet den Anfangspunkt der Konturlinie.

2. Der jeweils nächstliegende Punkt zu dem zuletzt in die Konturlinie eingefügten Punkt wird gesucht und an die Konturlinie angefügt.

3. Schritt 2 wird solange wiederholt, bis alle Punkte aus MQ in die Konturlinie eingefügt wurden.

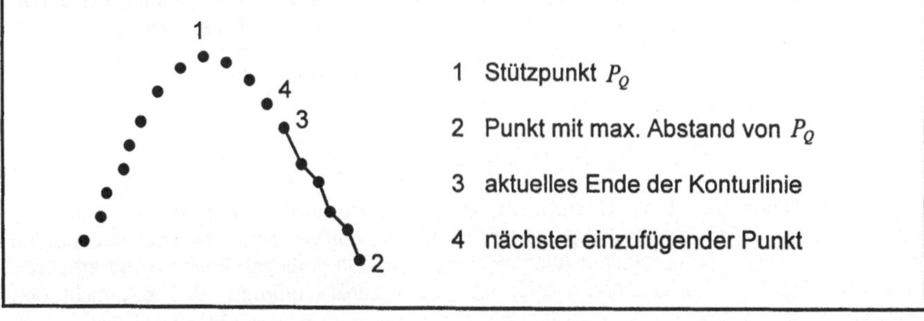

Bild 6.7: Ordnen der Punktmenge MQ zu einer Konturlinie.

Nach der Bestimmung der Konturlinie werden die Punkte aus MQ so transformiert, daß sie in der xy-Ebene zu liegen kommen. Da somit alle z-Koordinaten der Punkte aus MQ gleich null sind, werden sie bei der Kontursegmentierung weggelassen. Die so entstehenden 2D-Punkte auf einer Querschnittsebene Q werden im folgenden als Konturpunkte P_k: $\vec{x}_k = (x_k, y_k)$ bezeichnet, sie bilden die Punktmenge MQ_{2D}.

6.2 Bestimmung der Radiusauslauflinien durch Kontursegmentierung

6.2.1 Bestimmung des Konturwinkels

Die gesuchten Radiusauslauflinien einer Ausrundung sind durch Sprünge bzw. starke Änderungen der Krümmungswerte gekennzeichnet (siehe Abschnitt 3.1). Das gilt folglich auch für die gesuchten dominanten Punkte S_Q der Querschnitte Q. Eine Kontursegmentierung von MQ_{2D} aufgrund des Krümmungsverlaufs ist daher zunächst naheliegend. In der Bildverarbeitung wurden hierfür bereits eine Reihe von Algorithmen entwickelt /WUES91/, /LANG91/, TEH89/. Die in /LANG91/ vorgestellte Methode ermöglicht die für die Bestimmung von S_Q notwendige Detektion von tangentenstetigen Übergängen zwischen Geometrieelementen durch Auffinden der Extrema im Krümmungsverlauf und zusätzlicher Bewertung der Gradienten der Krümmung. Eigene Versuche sowie die in den oben genannten Arbeiten dargestellten Ergebnisse zeigen, daß eine exakte Kontursegmentierung aufgrund von Krümmung und Krümmungsgradient für den Fall einer mathematisch idealen Konturlinie möglich ist.

Für reale Anwendungen liefern diese Algorithmen allerdings nur unbefriedigende Ergebnisse, die im Falle der Bestimmung von Radiusauslauflinien auf das Rauschen der Sensordaten und im Falle der Bildverarbeitung auf die künstliche Diskretisierung der Konturpunkte zu Pixeln zurückzuführen sind. Diese Störeinflüsse werden durch die zur Krümmungsbestimmung notwendige zweimalige Ableitung der Konturlinie vervielfacht. Die Filterbreite der zur Rauschunterdrückung einsetzbaren Tiefpaßfilter zur Glättung der Konturlinie läßt sich nicht beliebig erhöhen, da sonst die Nutzinformation der Konturlinie zu stark verändert wird. Somit ist unter den gegebenen Randbedingungen eine Kontursegmentierung aufgrund des Krümmungsverlaufs für die Lokalisierung von Radiusauslauflinien nicht geeignet.

Wünschenswert ist eine Methode zur Kontursegmentierung, die ohne Berechnung von Ableitungen auskommt. In /PEI96/ und /ICHO96/ werden Verfahren vorgestellt, mit denen eine Konturlinie, beschrieben durch N Punkte, bestmöglich durch M Kreisbögen approximiert werden kann. Die Bestimmung der Kreisbögen und der dominanten Punkte zwischen den Kreisbögen erfolgt durch globale Minimierung einer Fehlerfunktion. Jeder Kreisbogen (Radius R, Mittelpunkt x_m, y_m), bzw. die ihm zugeordneten Meßpunkte P_i tragen mit

$$F_i = \left((x_i - x_m)^2 + (y_i - y_m)^2 - R^2\right)^2 \qquad 6.4$$

zur Fehlerfunktion bei. Eine Überprüfung dieser Kreisapproximation führte zu großen Abweichungen der bestimmten Ausgleichskreise von dem tatsächlichen Meßpunktverlauf bei großen Kreisradien. Die ermittelten Ausgleichskreise haben in diesen Fällen einen erheblich zu kleinen Radius. Die Ursache hierfür ist darauf zurückzuführen, daß 6.4 nicht den quadratischen Abstand d_i^2 des Punktes P_i vom Kreisbogen darstellt. Eine Überprüfung von 6.4 führt zu:

$$F_i = \left((x_i - x_m)^2 + (y_i - y_m)^2 - R^2\right)^2 = 4 \cdot R^2 \cdot d_i^2 + O(d_i^3) \qquad 6.5$$

Somit wird durch die Minimierung der Fehlerfunktion nicht d_i^2 sondern ein Vielfaches davon minimiert. Das stellt kein Problem dar, solange dieses Vielfache eine Konstante ist. In diesem Fall enthält dieser Faktor mit R^2 jedoch eine der gesuchten Variablen. Folge ist, daß die Bestimmung von Ausgleichskreisen mit großen Radien dadurch behindert wird, daß der gemäß 6.5 ermittelte Fehler sehr groß wird, selbst wenn d_i^2 eigentlich klein wäre. Das erklärt die Bestimmung von Ausgleichskreisen mit zu kleinen Radien. Da die ausgerundeten Flächen auf der Konturlinie durch Geraden oder Liniensegmente mit großen Radien repräsentiert werden, kommen die in /PEI96/ und /ICHO96/ vorgestellten Methoden der Kontursegmentierung für eine Bestimmung von Radiusauslauflinien nicht in Frage.

Eine Alternative stellt das In /RAUH93/ vorgestellte Verfahren zur Kontursegmentierung dar. Es ermöglicht eine Segmentierung von stetigen oder tangentenstetigen Übergängen zwischen Geraden und Kreisausschnitten und kommt mit nur einer Ableitung aus. Grundlage dieses Verfahrens bildet die Berechnung des Konturwinkels:

$$\phi(l) = \arctan\frac{y_k - y_{k-1}}{x_k - x_{k-1}} \quad \text{mit} \quad l = \sum_{j=1}^{k}\sqrt{(x_j - x_{j-1})^2 + (y_j - y_{j-1})^2} \qquad 6.6$$

Um dieses Verfahrens zur Lokalisierung von Radiusauslauflinien einzusetzen, werden im Rahmen der vorliegenden Arbeit zunächst die Konturlinien mit einem Binomialfilter und die berechneten Konturwinkel mit einem Medianfilter geglättet.

Der Vorteil bei der Berechnung des Konturwinkels nach Formel 6.6 ist, daß sowohl geradlinige als auch kreisförmige Kontursegmente bei der Berechnung des Konturwinkels auf Geraden abgebildet werden. Das bedeutet, daß sich die Bestimmung der Radiusauslauflinien für Ausrundungen, an denen ebene oder zylindrische Flächen beteiligt sind, auf eine Serie von Kontursegmentierungsproblemen mit drei Geraden reduzieren läßt.

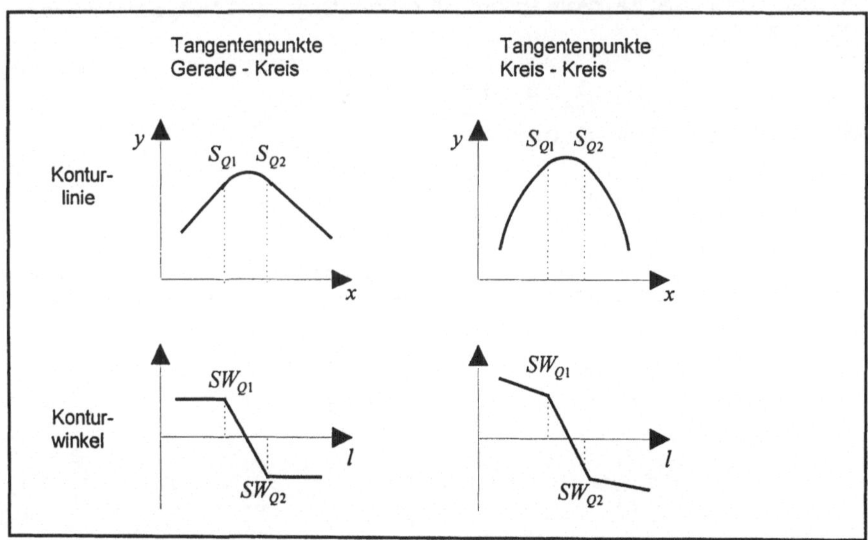

Bild 6.8: Konturlinie und Konturwinkel für tangentenstetige Übergänge Gerade-Kreis-Gerade und drei Kreise. Die Punkte S_{Q1} und S_{Q2} stellen die gesuchten dominanten Punkte (Übergangsstellen zwischen verschiedenen Formelementen) der Konturlinie dar. SW_{Q1} und SW_{Q2} sind die dominanten Punkte (Übergangsstellen zwischen verschiedenen Geraden) des Konturwinkelgraphs.

6.2.2 Bestmögliche stückweise lineare Approximation durch dynamische Programmierung

Bei der Kontursegmentierung in der Bildverarbeitung tritt häufig das Problem auf, daß die Anzahl der gesuchten Formelemente und somit die Anzahl der dominanten Punkte nicht bekannt ist. In diesen Fällen kommt zur Bestimmung der dominanten Punkte zunächst ein Split-Verfahren zum Einsatz /BÄSS89/.

Werden die Leitlinie L und der Arbeitsbereich A an einer Ausrundung sinnvoll gewählt, so bestehen die berechneten Konturlinien auf den Querschnitten Q aus genau drei Formelementen, die bei der Berechnung der Konturwinkel auf drei Geraden abgebildet werden. Die dominanten Punkte SW_Q lassen sich somit durch bestmögliche stückweise lineare Approximation des Konturwinkelgraphs mit drei Geraden bestimmen. Die gesuchten dominanten Punkte S_Q ergeben sich durch Bestimmung der zu SW_Q gehörigen Punkte auf der Konturlinie.

Das Problem der bestmöglichen stückweise linearen Approximation einer Menge von N Punkten mit M Geraden ist nicht geschlossen lösbar. In /PERE92/ wird jedoch eine Methode vorgestellt die durch Anwendung einer dynamischen Programmierung /DREY77/ die bestmögliche Lösung mit einem Laufzeitaufwand proportional von $M \cdot N^2$ liefert.

Grundlage hierfür bildet die lineare Approximation einer Menge von N Meßpunkten mit einer Geraden g

$$g \;:\; y = a \cdot x + b \qquad\qquad 6.7$$

durch Minimierung der Fehlerquadrate:

$$d(1,N)^2 = \sum_{i=1}^{N} d_i^2 = \frac{1}{1+a^2} \cdot \sum_{i=1}^{N} (y_i - a \cdot x_i - b)^2 \overset{!}{=} \min. \qquad\qquad 6.8$$

Das Nullsetzen der partiellen Ableitungen nach den Unbekannten a und b führt zu einer linearen und einer quadratischen Gleichung. Die Lösung dieses Gleichungssystems ist durch:

$$a = \frac{sxx - sxy - \lambda}{syy - sxy - \lambda}; \quad b = \frac{sy}{N} - a \cdot \frac{sx}{N} \qquad\qquad 6.9$$

$$\text{mit:} \quad sx = \sum_{i=1}^{N} x_i \;; \quad sy = \sum_{i=1}^{N} y_i \;; \quad sxy = -\frac{sx \cdot sy}{N} + \sum_{i=1}^{N} (x_i \cdot y_i)$$

$$sxx = -\frac{sx^2}{N} + \sum_{i=1}^{N} (x_i^2) \;; \quad syy = -\frac{sy^2}{N} + \sum_{i=1}^{N} (y_i^2)$$

$$\lambda = \frac{sxx + syy + \sqrt{sxx^2 + syy^2 - 2 \cdot sxx \cdot syy + 4 \cdot sxy^2}}{2}$$

gegeben. Die Wurzel der Summe der Fehlerquadrate $d(1,N)$ der N Punkte zur Ausgleichsgeraden ergibt sich als:

$$d(1, N) = \sqrt{U1 \cdot (sxx \cdot U1 + sxy \cdot U2) + U2 \cdot (sxy \cdot U1 + syy \cdot U2)} \qquad \text{6.10}$$

$$\text{mit:} \quad U2 = \frac{1}{\sqrt{\left(\dfrac{syy - sxy - \mu}{sxx - sxy - \mu}\right)^2 + 1}} \quad ; \quad U1 = U2 \cdot \frac{-sxy + syy - \mu}{sxx - sxy - \mu}$$

$$\mu = \frac{sxx + syy - \sqrt{sxx^2 + syy^2 - 2 \cdot sxx \cdot syy + 4 \cdot sxy^2}}{2} \; .$$

Die Formeln 6.8 bis 6.10 stellen die Grundlage für eine dynamische Programmierung zur bestmöglichen linearen Approximation des Konturwinkelgraphs durch drei Ausgleichsgeraden dar. Hierfür werden an dem in /PERE92/ beschriebenen Algorithmus folgende Modifikationen durchgeführt:

- Spezialisierung von M Geraden auf drei Geraden

- Einführung der Randbedingung daß mindestens fünf Punkte zu einer Geraden gehören müssen, um zu verhindern, daß Ausreißer im Konturwinkelgraph eine eigene Gerade bilden

- Modifikation von Schleifenlaufrichtungen und Abbruchbedingungen zur Verringerung der Laufzeit auf ca. ein Drittel

- Einführung eines zusätzlichen Feldes R zur Zwischenspeicherung der dominanten Punkte des Konturwinkelgraphs

Der so modifizierte Algorithmus zur Bestimmung der dominanten Punkte im Konturwinkelgraph durch dynamische Programmierung einer bestmöglichen, linearen Approximation der Punktmenge $(x_1, y_1), (x_2, y_2), \dots (x_N, y_N)$[1] mit drei Ausgleichsgeraden

$g_1: y = a_1 \cdot x + b_1$, $g_2: y = a_2 \cdot x + b_2$, $g_3: y = a_3 \cdot x + b_3$ durch Minimierung der Summe der Fehlerquadrate läßt sich folgendermaßen beschreiben:

---

[1] Da es sich hierbei um Punkte des Konturwinkelgraphs $\varphi(l)$ handelt, müßte man eigentlich korrekterweise (φ_1, l_1) anstatt (x_1, y_1) etc. schreiben. Aus Gründen der Übersichtlichkeit wird allerdings hierauf verzichtet.

Programm: BestimmeDominanteKonturwinkelpunkte

Eingabe: $(x_1,y_1),(x_2,y_2),\ldots(x_N,y_N)$ /* geordnete Punktmenge */

Ausgabe: SW_{Q1}, SW_{Q2} /* Dominante Punkte in Konturwinkelgraph */

               D_{Ges} /* Gesamtfehler der stückweise linearen Approximation */

Parameter: MPT   /* Minimale Punktzahl auf einer Geraden (MPT = 5) */

Variablen: D[N,3]   /* D[i,k] $\in \Re$: Abstand der ersten i Punkte von k Geraden */

               R[N,3]   /* R[i,k] $\in$ N : Speicherung der Punktindizes von SW_Q */

               r, n, m $\in$ N   /* Schleifenvariablen */

Hilfsfunktion: d(i,j)   /* Abstand der Punkte i bis j von einer Ausgleichsgeraden gemäß Formel 6.10 */

Programm BestimmeDominanteKonturwinkelpunkte

begin

/* Berechnung des Abstands der ersten n Punkte von **einer** Geraden */

for n = MPT to N-2·MPT : $D_{n,1}$ = d(1,n)   endfor

/* Bestmögliche Aufteilung der ersten n Punkte auf **zwei** Geraden */

for n = 2*MPT to N-MPT :

   /* Initialisierungswert: letzte MPT Punkte haben eigene Gerade */

   $D_{n,2}$ = $D_{n\text{-MPT},1}$ + d(n-MPT+1,n)

   /* Speicherung Punktindex von SW_Q (ist Initialisierungswert) */

   $R_{n,2}$ = n - MPT

   /* Durchprobieren der anderen sinnvollen Aufteilungen, Schleife läuft rückwärts */

   for m = n - MPT -1 to MPT :

      if $D_{n,2}$ > $D_{m,1}$ + d(m+1,n) :

         /* Bessere Aufteilung gefunden, Speicherung der neuen, kleineren Abweichung der ersten n Punkte zu zwei Geraden, Aufteilung bei Punktnummer m */

         $D_{n,2}$ = $D_{m,1}$ + d(m+1,n)

         /* Speichern des Punktindex von SW_Q, bei dem bessere Aufteilung auftrat */

         $R_{n,2}$ = m

      endif

   endfor

endfor

/* Beste Aufteilung N Punkte, **drei** Geraden (bisherige Ergebnisse werden benötigt) */

/* Initialisierungswert: letzte MPT Punkte haben eigene Gerade */

$D_{N,3} = D_{N\text{-}MPT,2} + d(N\text{-}MPT+1,N)$

/* Speicherung Punktindex von SW_Q (ist Initialisierungswert) */

$R_{N,3} = N - MPT$

/* Durchprobieren der anderen sinnvollen Aufteilungen, Schleife läuft rückwärts */

for n = N - MPT to 2·MPT :

   if $D_{N,3} > D_{n,2} + d(n+1,N)$:

      /* Bessere Aufteilung gefunden, Speicherung der neuen, kleineren Abweichung der
      N Punkte zu drei Geraden, Aufteilung bei Punktnummer n */

      $D_{N,3} = D_{n,2} + d(n+1,N)$:

      /* Speichern des neuen Punktindex von SW_Q bei dem bessere Aufteilung auftrat */

      $R_{N,3} = n$
   endif
endfor

/* Ermittlung der dominanten Punkte SW_{Q1}, SW_{Q2} des Konturwinkelgraphs und der
   Gesamtabweichung D_{Ges} der Punkte von den drei Ausgleichsgeraden */

$SW_{Q2} = R_{N,3}$

$SW_{Q1} = R_{(R_{N,3}),2}$

$D_{Ges} = D_{N,3}$

return $(D_{Ges}, SW_{Q1}, SW_{Q2})$

end BestimmeDominanteKonturwinkelpunkte

*Bild 6.9: Bestimmung der dominanten Punkte im Konturwinkelgraph durch dynamische
Programmierung einer bestmöglichen, linearen Approximation der Punktmenge
MQ durch drei Ausgleichsgeraden*

Die Bestimmung der drei Ausgleichsgeraden $g_1: y = a_1 \cdot x + b_1$, $g_2: y = a_2 \cdot x + b_2$, $g_3: y = a_3 \cdot x + b_3$, welche die Punkte des Konturwinkelgraphs bestmöglich approximieren, ist durch Einsetzen der Indizes der dominanten Punkte SW_Q als Summengrenzen in Formel 6.9 möglich. Zur Bestimmung der dominanten Punkte S_Q auf der Konturlinie werden diejenigen Punkte aus MQ_{2D} bestimmt, aus denen die Punkte SW_Q gemäß Formel 6.6 gebildet wurden.

6.2.3 Zusammenfügen der Menge dominanter Punkte zu Radiusauslauflinien

Die gemäß dem vorigen Abschnitt bestimmten dominanten Punkte S_{Q1} und S_{Q2} liegen noch im 2D-Koordinatensystem vor, das in Abschnitt 6.1.4 durch Transformation der Punktmenge MQ in die xy-Ebene entstanden ist. Daher erfolgt zunächst eine Rücktransformation von S_{Q1} und S_{Q2} in das ursprüngliche 3D-Koordinatensystem. Zur Bildung der Radiusauslauflinien S_A der betrachteten Ausrundung werden anschließend die dominanten Punkte benachbarter Querschnittsebenen Q mit einer Linie verbunden.

Abbildung 6.10 zeigt die wesentlichen Verarbeitungsschritte zur Bestimmung der Radiusauslauflinien einer Ausrundung mit $\alpha_A = 90°$ am Beispiel von Bildschirmabzügen. Die Maßstäbe der Konturlinienplots in x- und y-Richtung sind nicht gleich. Das erklärt den größer erscheinenden Konturwinkel in den mittleren Plots.

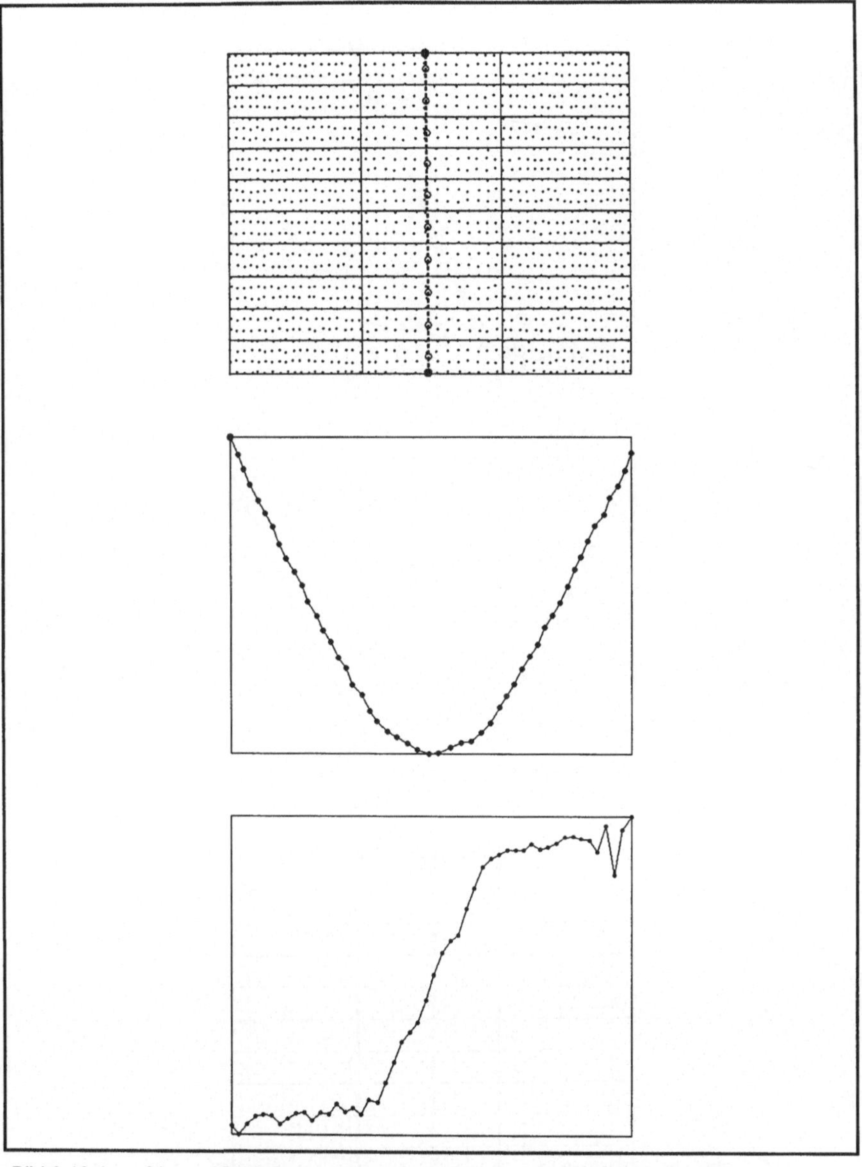

Bild 6.10a) : *Oben:* 3D-Meßdaten an Ausrundung mit Leitlinie (vertikal, gestrichelt), Stützpunkten (o) und idealen Radiusauslauflinien (vertikal, durchgezogen)
Mitte: Ungeglättete, geordnete Konturlinie eines Querschnitts
Unten: Ungeglätteter Konturwinkelgraph

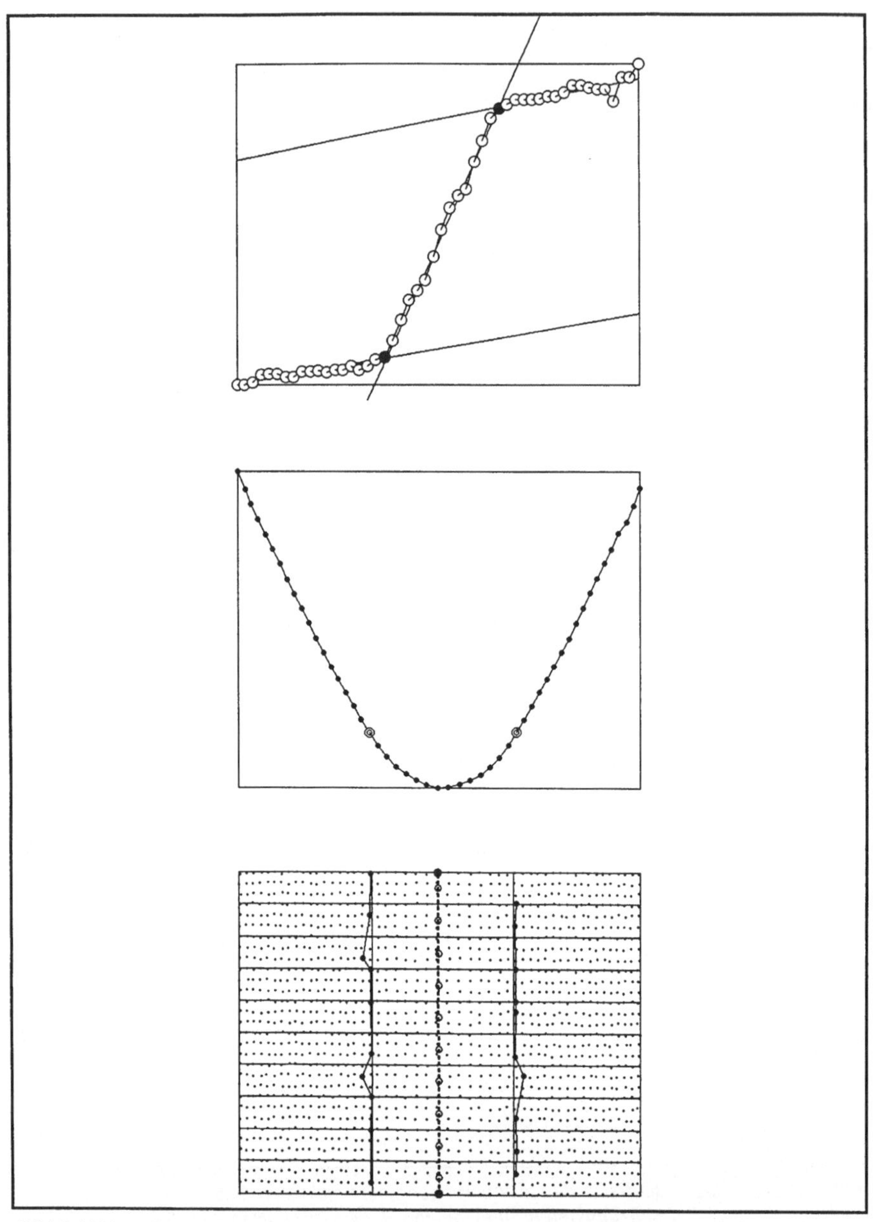

Bild 6.10b): Oben: Bestmögliche Anpassung von drei Geraden an geglätteten
Konturwinkelgraph mit hervorgehobenen dominanten Punkten SW_ϱ

Mitte: Geglättete Konturlinie mit hervorgehobenen dominanten Punkten S_ϱ

Unten: 3D-Meßpunktmenge mit Leitlinie, theoretisch idealen und
gemäß Abschnitt 6.2.2 bestimmten Radiusauslauflinien

6.3 Stabilität der entwickelten Algorithmen

6.3.1 Beschreibung der Randbedingungen und Präsentation der Ergebnisse

Die Unsicherheit der Bestimmung einer Ausgleichsgeraden in Abhängigkeit des Rauschens auf den zu approximierenden Meßpunkten ist bekannt /RAUH93/. Bei der hier vorgestellten Methode zur Bestimmung der Radiusauslauflinien werden allerdings gleichzeitig drei Geraden durch Minimierung der Fehlerquadrate an eine Meßpunktmenge angepaßt. Außerdem finden eine Reihe von Vorverarbeitungsschritten statt (Definition der Leitlinie, Berechnung der Stützpunkte, Projektion der Meßpunkte auf die Querschnittsebenen, Filterung und Konturwinkelbestimmung), bevor die eigentliche Ausgleichsrechnung erfolgt. Eine Abschätzung der Stabilität der hier vorgestellten Methode zur Bestimmung der Radiusauslauflinien mit Hilfe der Fehlerfortpflanzungsgesetze ist daher nicht praktikabel. Infolgedessen wird der Einfluß des Rauschens auf die berechneten Radiusauslauflinien analog zu Kapitel 5 anhand eines mathematisch idealen Testdatensatzes ermittelt, dem künstlich ein normalverteiltes Rauschen verschiedener Intensitäten überlagert wird.

Zur Erzeugung des Testdatensatzes werden zwei ebene Flächen im Winkel α_A (Ausrundungswinkel) konstruiert, die mit einer Zylinderfläche (Radius r_A) tangentenstetig ausgerundet werden (siehe Bild 6.1). Anschließend werden auf diesem Flächenverbund äquidistante „Meßpunkte" berechnet, die mit einem normalverteilten Rauschen variabler Rauschintensität σ überlagert werden. Zur Abschätzung der Stabilität der implementierten Algorithmen, wird die Abweichung σ_{asr} der gemäß Abschnitt 6.1 und 6.2 bestimmten Radiusauslauflinien $S_{A,\mathrm{exp}}$ bezüglich ihrer mathematisch exakten Lage $S_{A,\mathrm{theo}}$ bestimmt. Analog zu Kapitel 5 erfolgt die Angabe von σ und σ_{asr} in Vielfachen des mittleren Punktabstands. Wichtig ist anzumerken, daß die Testdatensätze nicht notwendigerweise so erzeugt werden, daß Meßpunkte vor der Addition des Rauschvektors auf der theoretischen Radiusauslauflinie $S_{A,\mathrm{theo}}$ liegen. Der mittlere Abstand der nächstgelegenen Meßpunkte zu $S_{A,\mathrm{theo}}$ variiert je nach Ausrundungswinkel α_A (siehe Bild 6.11, $\sigma = 0$).

Die Leitlinie L wird so bestimmt, daß sie ungefähr in der Mitte der Ausrundungsfläche liegt und parallel zur Ausrundungsachse verläuft. Bei der Wahl der Arbeitsumgebung A wird darauf geachtet, daß Meßpunkte auf allen drei Flächen in die Berechnungen einbezogen werden. Bild 6.11 zeigt die Leitlinie L, die Radiusauslauflinien $S_{A,\mathrm{theo}}$ und $S_{A,\mathrm{exp}}$ sowie die Abweichung σ_{asr} für verschieden Ausrundungswinkel α_A und verschiedene Rauschintensitäten σ. Der dargestellte Bereich entspricht jeweils der Arbeitsumgebung A.

Zur Darstellung der Abweichungen wurde eine Ansicht normal zur Mittellinie der Ausrundung gewählt. Die horizontal verlaufenden durchgezogenen Linien markieren die gemäß Formel 6.2 bestimmten Bereiche MQ von MP, die auf eine Querschnittsebene Q projiziert werden.

Ausrundungswinkel α_A = 90 Grad

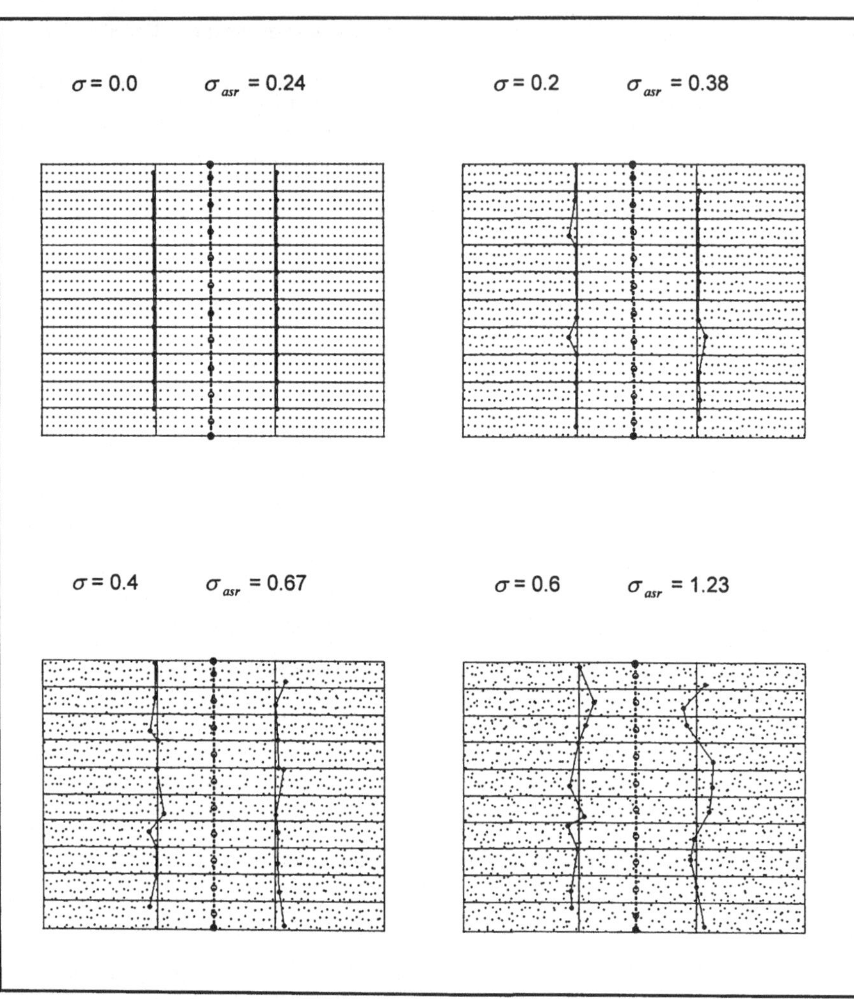

Bild 6.11a): *Testdatensatz einer Ausrundung mit α_A = 90° und verschiedenen Rauschintensitäten σ. Außerdem: Leitlinie L (vertikale, gestrichelte Linie) mit Stützpunkten (o), idealen Radiusauslauflinien $S_{A,theo}$ (vertikale durchgezogene Linie) und gemäß 6.2 bestimmten Radiusauslauflinien $S_{A,exp}$ (durchgezogene Linie mit Punkten) sowie Abweichung σ_{asr}. Der dargestellte Bereich entspricht jeweils der Arbeitsumgebung A um L. Die Blickrichtung ist normal zur Ausrundungsachse.*

Ausrundungswinkel α_A = 60 Grad

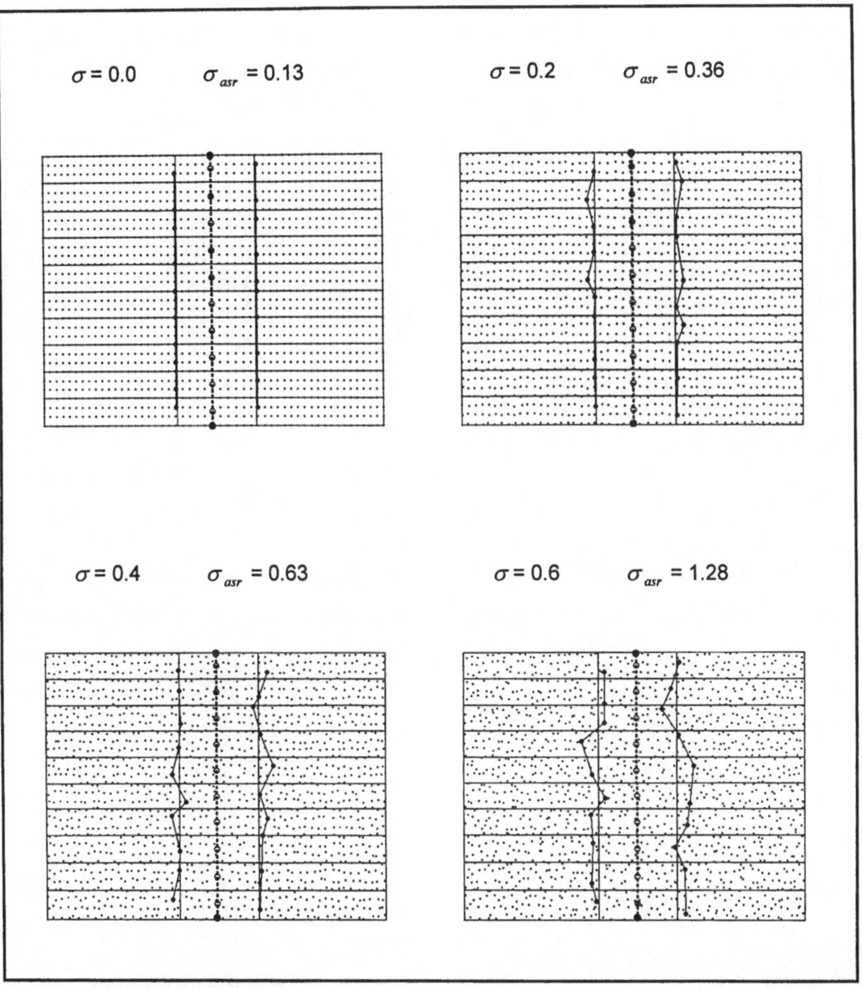

Bild 6.11b): Testdatensatz einer Ausrundung mit α_A = 60° und verschiedenen Rauschintensitäten σ. Außerdem: Leitlinie L (vertikale, gestrichelte Linie) mit Stützpunkten (o), idealen Radiusauslauflinien $S_{A,theo}$ (vertikale durchgezogene Linie) und gemäß 6.2 bestimmten Radiusauslauflinien $S_{A,exp}$ (durchgezogene Linie mit Punkten) sowie Abweichung σ_{asr}. Der dargestellte Bereich entspricht jeweils der Arbeitsumgebung A um L. Die Blickrichtung ist normal zur Ausrundungsachse.

Ausrundungswinkel α_A = 30 Grad

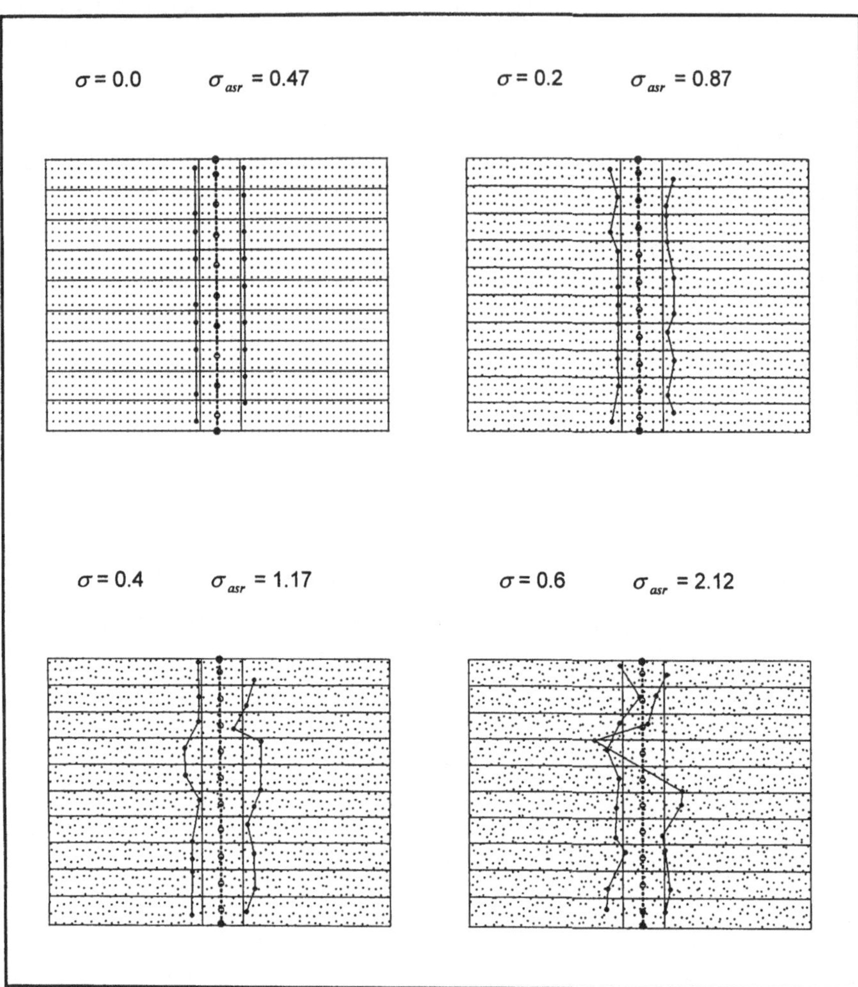

Bild 6.11c): Testdatensatz einer Ausrundung mit α_A = 30° und verschiedenen Rauschintensitäten σ. Außerdem: Leitlinie L (vertikale, gestrichelte Linie) mit Stützpunkten (o), idealen Radiusauslauflinien $S_{A,theo}$ (vertikale durchgezogene Linie) und gemäß 6.2 bestimmten Radiusauslauflinien $S_{A,exp}$ (durchgezogene Linie mit Punkten) sowie Abweichung σ_{asr}. Der dargestellte Bereich entspricht jeweils der Arbeitsumgebung A um L. Die Blickrichtung ist normal zur Ausrundungsachse.

6.3.2 Interpretation der Ergebnisse und Bestimmung der optimalen Parameter

Winkelabhängigkeit und Stabilität bezüglich Rauscheinflüssen

Für mathematisch ideale Datensätze können mit den implementierten Algorithmen die bestmöglichen Radiusauslauflinien gefunden werden. Die in Bild 6.11 für $\sigma = 0$ auftretenden Abweichungen σ_{asr} sind darauf zurückzuführen, daß in den künstlich erzeugten Testdatensätzen nicht zwangsläufig Meßpunkte exakt auf den gesuchten Radiusauslauflinien liegen. Der Abstand der nächstliegenden Punkte zu den Radiusauslauflinien hängt vom Ausrundungswinkel ab, was die Schwankungen von σ_{asr} bei $\sigma = 0$ erklärt.

Erwartungsgemäß ist die Bestimmung der Radiusauslauflinien für große Ausrundungswinkel α_A unempfindlicher gegenüber Rauscheinflüssen als bei kleinem α_A. Während man bei $\alpha_A = 90°$ und $\sigma = 0.4$ noch akzeptable Ergebnisse erhält, beobachtet man bei $\alpha_A = 30°$ und $\sigma = 0.4$ bereits eine erhebliche Abweichung zwischen $S_{A,theo}$ und $S_{A,exp}$. Neben Schwankungen der Radiusauslauflinien ist in diesem Fall auch eine Verschiebung der gefundenen Radiusauslauflinien hin zu den ebenen Flächen („nach außen") zu beobachten. Dies ist darauf zurückzuführen, daß mit abnehmender Bogenlänge der Ausrundung (bedingt durch den abnehmenden Ausrundungswinkel), die Anzahl der Punkte, die zur Ausrundung selbst (und somit zur mittleren Geraden im Konturwinkelgraph) gehören, sinkt, d.h. die Lage dieser Geraden wird instabil, und sie kann auch noch Punkte der angrenzenden ebenen Flächen mit approximieren. Bei größeren Rauschintensitäten ($\alpha_A = 30°$ und $\sigma = 0.6$) führt diese Instabilität dazu, daß vereinzelt Ausreißer auf den berechneten Radiusauslauflinien entstehen.

Die Winkelabhängigkeit der entwickelten Methode zur Bestimmung von Radiusauslauflinien ist in Bild 6.12 für $\sigma = 0.4$ dargestellt. Selbst bei dieser doch erheblichen Rauschintensität beobachtet man Abweichungen von den berechneten zu den theoretisch idealen Radiusauslauflinien, die für $\alpha_A > 45°$ deutlich kleiner eins sind. Das bedeutet, die Abweichungen der gefundenen Radiusauslauflinien zur theoretisch idealen Lage beträgt im Schnitt weniger als einen Meßpunkt. Für sehr große Ausrundungswinkel ($\alpha_A \rightarrow 180°$) liegen die Abweichungen sogar lediglich im Bereich des statischen Rauschens der Meßpunkte.

Ein Ansteigen der Abweichungen für große Winkel wie in Abschnitt 5.4 für die Kantenverfolgung zu beobachten ist, tritt hier nicht auf. Das Problem bei der Kantenverfolgung - die Tatsache daß bei großen Winkeln innerhalb ein und derselben Suchkugel Punkte von beiden ebenen bzw. schwach gekrümmten Flächen liegen können - tritt hier aufgrund der vorhandenen Ausrundungsfläche nicht auf.

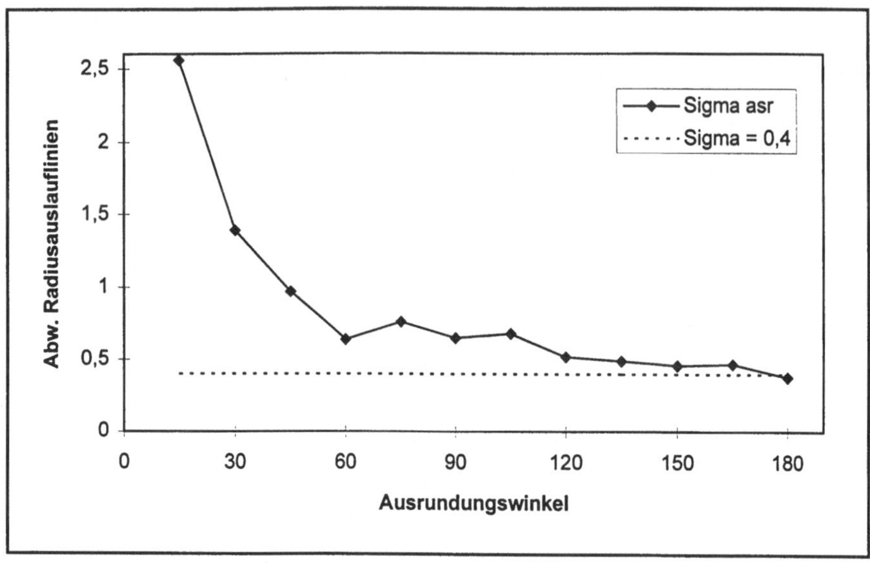

Bild 6.12: Stabilität der Bestimmung von Radiusauslauflinien in Abhängigkeit des Ausrundungswinkels α_A.

Einfluß des Stützpunktabstands

Der Parameter p_L, welcher den Abstand der Stützpunkte und somit die Größe des Bereichs der Meßpunktmenge MQ festlegt, der auf eine Querschnittsebene Q projiziert wird (Abschnitt 6.1.4), muß so groß gewählt werden, daß auf jedem Querschnitt eine für die Ausrundung repräsentative Konturlinie entsteht. Wird p_L allerdings zu groß gewählt, so entstehen durch Ungenauigkeiten bei der Projektion der Meßpunkte auf Q Schwankungen der Konturlinie, die durch die nachfolgende Berechnung des Konturwinkels noch vergrößert werden. Bei homogener Dichte der Meßpunktmenge werden für $p_L \approx 2.5$ die besten Ergebnisse erzielt. Bei einer inhomogenen Meßpunktdichte, wie sie z.B. durch linienförmig arbeitende 3D-Sensoren erzeugt werden kann, falls der Meßpunktabstand auf einer Scanlinie wesentlich geringer ist als der Abstand benachbarter Scanlinien, empfiehlt sich eine Erhöhung von p_L (vgl. Abschnitt 5.4.2).

Einfluß der minimalen Punktzahl auf einer Geraden

Um überhaupt von der Existenz einer Ausrundung reden zu können, müssen auf einem Querschnitt Q durch diese Ausrundung sowohl die Ausrundungsfläche, als auch die ausgerundeten Flächen durch eine Minimalzahl von Meßpunkten repräsentiert sein. Diese Randbedingung kann man bei der Bestimmung der drei Ausgleichsgeraden im Konturwinkelgraph berücksichtigen, indem man fordert, daß die minimale Punktzahl MPT auf einer Geraden im Konturwinkelgraph gleich dieser Minimalzahl ist. Rein mathematisch gesehen, beträgt diese Minimalzahl drei (durch drei Punkte läßt sich eindeutig ein Kreis definieren). In einer durch Rauschen verfälschten Meßpunktmenge ist es jedoch unmöglich, bei lediglich drei Punkten auf der Ausrundungsfläche diese Ausrundung von einer scharfen

Kante zu unterscheiden. In Untersuchungen an Testdatensätzen hat sich MPT = 5 bewährt. Wählt man MPT zu klein, so können vereinzelte Ausreißer im Konturwinkelgraph eine eigene Gerade bilden. Für zu große Werte von MPT kann eine Verschiebung der automatisch lokalisierten Radiusauslauflinien auftreten, falls einer der drei Bereiche in Q durch weniger als MPT Punkte auf der Konturlinie repräsentiert wird.

6.3.3 Spezifikation der Voraussetzungen

In Abschnitt 6.2 wurde die Bestimmung der Radiusauslauflinien an Ausrundungen auf die bestmögliche Approximation von drei Geraden im Konturwinkelgraph zurückgeführt. Der Konturwinkelgraph besteht jedoch nur dann aus Punkten auf drei Geraden, falls die Konturlinie aus Geraden oder Kreisausschnitten besteht. Ist diese Voraussetzung verletzt, wie z.B. bei freigeformten, parabel- oder zyklotenförmigen Konturlinien, so hängt die Lage der automatisch bestimmten Radiusauslauflinien von der Größe der Arbeitsumgebung ab (je größer die Arbeitsumgebung, desto größer wird der Abstand der bestimmten Radiusauslauflinien). In diesen Fällen ist jedoch die Lage der Radiusauslauflinien nicht so kritisch für die Flächengenerierung, da es keine ausgezeichnete, „natürliche" Lage der Segmentgrenzen gibt, wie z.B. die Stelle des Krümmungssprungs bei einem tangentenstetigen Übergang zwischen Strecke und Kreisausschnitt (vgl. Abschnitt 3.3). Somit kann der implementierte Algorithmus zur automatischen Extraktion von Radiusauslauflinien an Ausrundungen auch für nicht regelgeometrische Ausrundungen eingesetzt werden.

6.3.4 Beurteilung der automatischen Bestimmung von Radiusauslauflinien

Zusammenfassend kann man feststellen, daß die in diesem Abschnitt beschriebene automatische Bestimmung von Radiusauslauflinien an Ausrundungen etwas empfindlicher gegenüber Rauscheinflüssen ist, als das in Kapitel 5 vorgestellte Verfahren zur automatischen Kantenfindung. Grund hierfür ist, daß für die Bestimmung der Radiusauslauflinien die Berechnung einer Ableitung (Konturwinkel) erforderlich ist.

Die implementierten Algorithmen können bei der Segmentierung von Ausrundungen mit α_A > 30° zuverlässig eingesetzt werden, falls der zur Digitalisierung verwendete 3D-Sensor eine Meßunsicherheit im Bereich σ <≈ 0.2 aufweist. Für σ ≈ 0.4 können Radiusauslauflinien an Ausrundungen mit α_A > 45° zuverlässig berechnet werden. Es empfiehlt sich eine anschließende Glättung der automatisch bestimmten Radiusauslauflinien mit einem Medianfilter, um vereinzelte Schwankungen im Linienverlauf herauszufiltern. Falls der verwendete 3D-Sensor nicht die geforderte Meßgenaugkeit erreicht, empfiehlt sich die Anwendung eines flächenhaft glättenden Tiefpaßfilters vor der automatischen Bestimmung der Radiusauslauflinien.

Kapitel 7

Anwendungsbeispiele

Manuell gefertigte Designmodelle aus Holz oder Ton werden häufig im Automobilbau, beim Entwurf von Gehäuseteilen für Elektrowerkzeuge und Hauhaltgeräte, sowie in der Medizin- und Orthopädietechnik eingesetzt. Anwendungsbeispiele aus diesen Bereichen eignen sich daher sehr gut für praxisrelevante Untersuchungen der implementierten Algorithmen zur automatischen Lokalisierung von Segmentgrenzen an Kanten und Radiusauslauflinien. Neben diesen Untersuchungsergebnissen werden im Rahmen des vorliegenden Kapitels auch das Gesamtsystem für die Flächenrückführung und die verwendete Hardware zur Digitalisierung der Designmodelle beschrieben.

Digitalisierung

Zur Digitalisierung der Designmodelle wurde ein Laserscanner verwendet. Die technischen Daten dieses Sensors sind in Tabelle 7.1 zusammengefaßt.

Meßprinzip	Lasertriangulation, Flying Spot Technologie
Meßbereich (Größe Meßfenster)	60x60mm
minimaler Meßpunktabstand	0.1 mm
Meßgenauigkeit ($3\sigma_{abs}$)	±25 µm

Tabelle 7.1: Technische Daten des verwendeten Laserscanners laut Hersteller /HYMA95/.
σ_{abs} : Standardabweichung des Rauschens, Absolutwert

Die Aufnahme der Meßdaten erfolgt linienorientiert, durch Ablenkung des Laserstrahls mittels eines Drehspiegels auf eine Laserlinie (Flying Spot Technologie). Bei der Digitalisierung wird der Laserscanner senkrecht zur Laserlinie über das Bauteil bewegt. Die maximale Abmessung der digitalisierbaren Bauteile hängt von der Größe der Positioniereinheit ab, an welcher der Laserscanner befestigt wird. Im Rahmen der vorliegenden Arbeit wurden zwei Koordinatenmeßgeräte als Positioniereinheit verwendet:

Bauart	Portal	Ständer
Arbeitsweise	CNC	handgeführt
max. Bauteilabmessung (Betrieb mit Hyscan 45c)	400x300x300mm	5000x4000x1800mm

Tabelle 7.2: Verwendete Koordinatenmeßgeräte zur optischen Digitalisierung

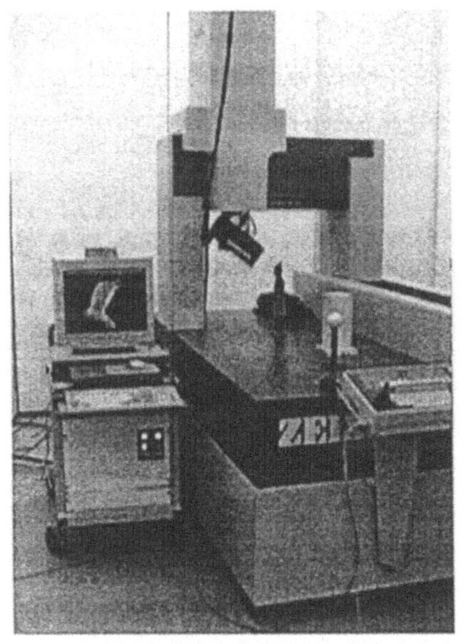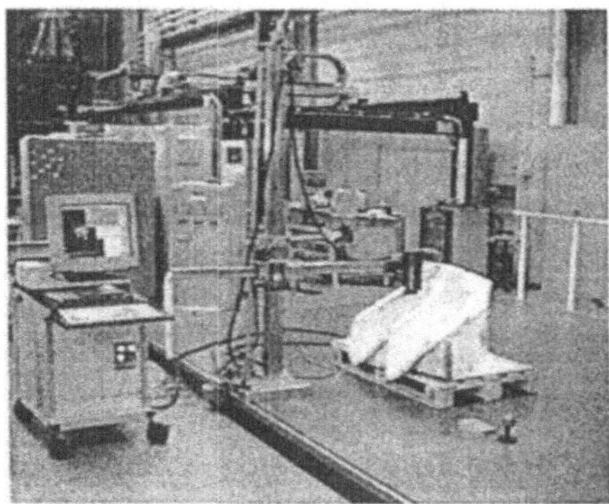

Bild 7.1: Digitalisierung von Bauteilen mit einem Laserscanner.
Links: Hyscan Laserscanner an Zeiss CNC-Koordinatenmeßgerät
Rechts: Hyscan Laserscanner an handgeführtem Stiefelmayer Koordinatenmeßgerät

Die entwickelten Methoden zur automatischen Bestimmung von Segmentgrenzen an Kanten und Radiusauslauflinien setzen keine Ordnung der Meßpunktmenge voraus. Sie sind daher nicht auf Digitalisierdaten des hier verwendeten Laserscanners beschränkt. Die implementierten Softwaremodule sind unabhängig von dem bei der Digitalisierung verwendeten 3D-Sensor und unabhängig von der gewählten Digitalisierstrategie einsetzbar.

Integration in vorhandene Softwareumgebung

In früheren Projekten wurde am Fraunhofer-Institut für Produktionstechnik und Automatisierung (IPA) eine zweistufige Lösung für die Flächenrückführung entwickelt /KNOR95/, /HALL95/. In dieses Softwarepaket wurden die Softwaremodule zur automatischen Bestimmung von Segmentgrenzen an Kanten und Radiusauslauflinien integriert. Das Softwarepaket zur Flächenrückführung besteht aus den folgenden Komponenten:

1. Meßtechnik - CAD-Interface

Im Meßtechnik - CAD-Interface wird die Meßpunktmenge des 3D-Sensors hinsichtlich Größe und Struktur an die Erfordernisse des CAD-Systems angepaßt, das später zur Flächengenerierung eingesetzt wird. Hierzu stehen Funktionen zum Glätten, Ausdünnen oder Aufteilen der Meßpunktmenge, sowie Funktionen zur Strukturierung der Meßpunktmenge durch Triangulierung oder Schnittberechnung zur Verfügung. Für die Anfertigung von Kopien des digitalisierten Modells können direkt aus den Digitalisierdaten Steuerdaten für eine Rapid Prototyping Anlage abgeleitet werden. Das Meßtechnik - CAD-Interface ist eine eigenständige, graphisch-interaktive Software mit verschiedenen Ein- und Ausgabeschnittstellen.

2. CAD-System CATIA mit Erweiterungen für die Flächenrückführung

Die Flächenberechnung erfolgt im CAD-System CATIA. Hierzu wurden in CATIA über eine Programmierschnittstelle Softwaremodule integriert, die eine Erzeugung von regelgeometrischen Ausgleichselementen (Ebene, Kugel, Zylinder, Kegel) sowie von Freiformflächen (Bezier-Flächen) an einzelne Segmente der Meßpunktmenge ermöglichen. Regelgeometrische Ausgleichselemente können an Segmente mit beliebig strukturierten Meßpunktmengen angepaßt werden. Die Anpassung von Freiformflächen erfolgt auf der Basis von vorstrukturierten Punkten auf Schnittlinien, die im Meßtechnik - CAD-Interface berechnet wurden. Die so erzeugten Flächenmodelle können mit vorhandenen CATIA-Funktionen weiterverarbeitet oder analysiert werden.

Bild 7.2 zeigt diese zweistufige Lösung für die Flächenrückführung in einer graphischen Darstellung.

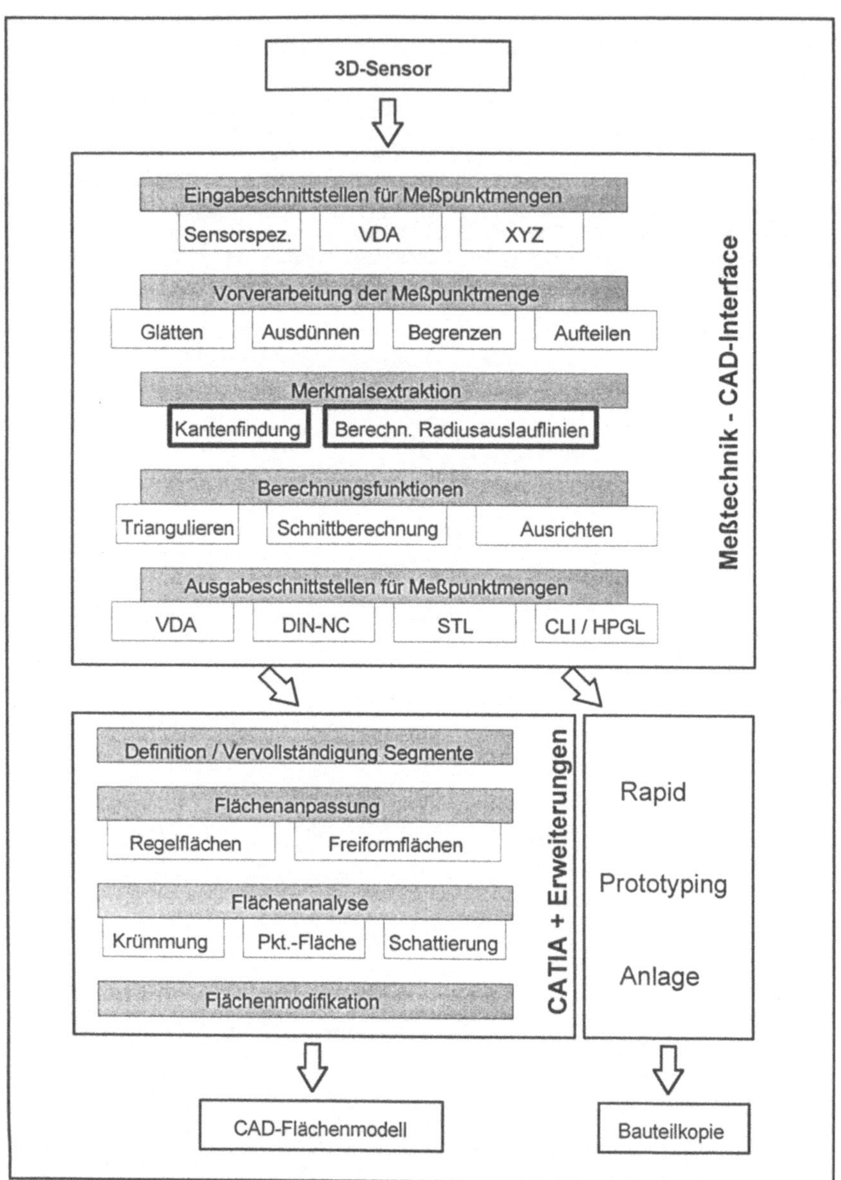

Bild 7.2: Übersicht IPA-Softwarepaket zur Flächenrückführung. Die im Rahmen der vorliegenden Arbeit implementierten Module zur automatischen Bestimmung von Segmentgrenzen an Kanten und Radiusauslauflinien sind hervorgehoben.

Die automatische Bestimmung von Segmentgrenzen an Kanten und Radiusauslauflinien stellt einen Vorverarbeitungsschritt zur Merkmalsextraktion aus der Meßpunktmenge dar. Die zugehörigen Softwaremodule wurden daher im Meßtechnik - CAD-Interface integriert. Sie können wahlweise auf die gesamte Meßpunktmenge oder auf Teilbereiche davon angewendet werden.

Die automatisch bestimmten Segmentgrenzen an Kanten und Radiusauslauflinien werden zusammen mit den vorstrukturierten Meßpunkten über eine neutrale Schnittstelle als VDA-PSET /VDAF86/ an CATIA oder an ein anderes Zielsystem weitergegeben. Dort werden die gefundenen Segmentgrenzen ggf. editiert oder geglättet und zu geschlossenen Linienzügen zusammengefügt.

Für eine vollständige Segmentierung einer 3D-Meßpunktmenge müssen, abgesehen von den betrachteten Segmentgrenzen an Kanten und Radiusauslauflinien, noch weitere Segmentgrenzen in der Meßpunktmenge festgelegt werden. Diese Segmentgrenzen sind nicht durch einen charakteristischen Verlauf von Krümmungswerten gekennzeichnet und werden in der Praxis eingefügt, um z. B. starke Schwankungen in der Flächengröße zu vermeiden, T-Kreuzungen von Segmentgrenzen zu verhindern oder der traditionellen Flächenaufteilung eines Konstrukteurs Rechnung zu tragen. Diese zusätzlichen Segmentgrenzen müssen vom Benutzer durch Auswählen der betreffenden Punkte interaktiv definiert werden. Nach vollständiger Definition aller Segmentgrenzen erfolgt dann die Anpassung einer Regel- oder Freiformfläche an die im jeweiligen Segment befindlichen Meßpunkte.

Beispiele für die automatische Lokalisierung von Segmentgrenzen

Bild 7.3 zeigt den oben geschilderten Ablauf der Flächenrückführung unter Verwendung automatisch extrahierter Segmentgrenzen an Kanten am Beispiel eines Schuhleistens. Bei der Schuhfertigung werden Schuhleisten verwendet, um den Zuschnitt des Leders bestimmen zu können. Wird eine Flächenrückführung des Schuhleistens durchgeführt, so kann die erforderliche Form und Größe der Lederteile durch eine Abwicklung der erzeugten Flächenmodelle berechnet werden.

Der Schuhleisten besitzt zwei scharfe Kanten, eine an der Trennstelle zur Sohle, die andere am oberen Ende des Leistens. Das Ergebnis der automatischen Kantenfindung ist in Bild 7.3 oben rechts abgebildet. Zur vollständigen Definition der Segmente wurden diese Kantenlinien geschlossen und interaktiv durch weitere Segmentgrenzen ergänzt (Bild 7.3 unten links). An die Meßpunkte in den so definierten Bereichen wurden anschließend Freiformflächen angepaßt (Bild 7.3 unten rechts).

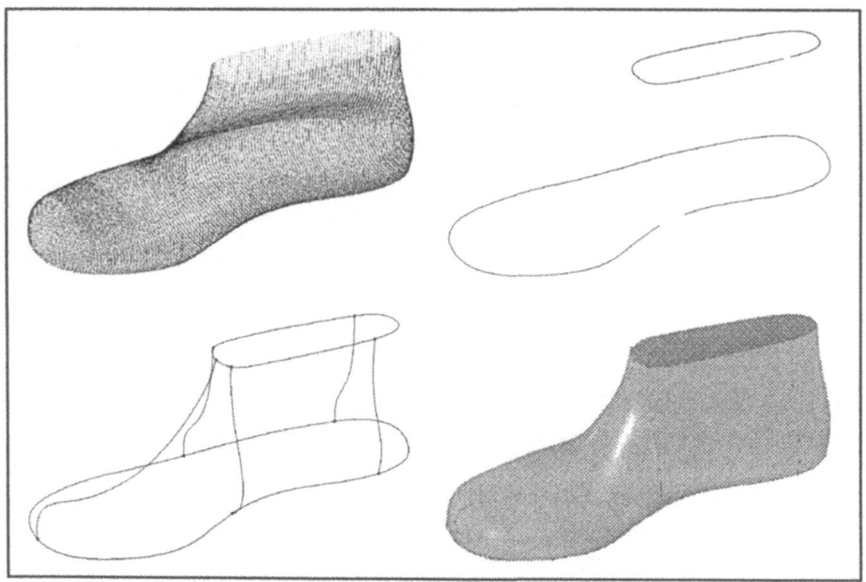

Bild 7.3: Flächenrückführung eines Schuhleistens mit Hilfe automatisch lokalisierter Kanten
    oben links: Aufgenommene Meßpunktmenge
    oben rechts: Automatisch gefundene Segmentgrenzen an scharfen Kanten
    unten links: Interaktiv vervollständigte Segmentgrenzen
    unten rechts: Erzeugtes Flächenmodell

Von den weiteren Anwendungsbeispielen werden lediglich die Meßdaten mit den automatisch lokalisierten Kanten und Radiusauslauflinien gezeigt, da nicht immer eine CAD-Modellierung durchgeführt wurde. Die Meßpunktmengen wurden zur Erzeugung der Bilder stark ausgedünnt, so daß die automatisch berechneten Linienzüge gut sichtbar sind. Die Berechnung der Kanten und Radiusauslauflinien erfolgte allerdings bei einer wesentlich höheren Punktdichte. Die dargestellten Linienzüge wurden jeweils mit einem Median- und einem Gaußfilter geglättet.

Bild 7.4 zeigt einen Meßdatensatz der Kühlerhaube eines Sportwagens. Die Meßdaten wurden von einem Tonmodell (Maßstab 1:4) abgenommen. Tonmodelle werden in der Automobilindustrie zur Formfindung von neuen Modellen eingesetzt. Auf der Basis von Handskizzen werden vom Designer Tonmodelle angefertigt und in einem iterativen Prozeß optimiert. Gegen Ende der Optimierungsphase werden eine Flächenrückführung durchgeführt und ein 1:1 Modell gebaut, welches die Grundlage für die Abnahme der Form des neuen Modells durch den Vorstand bildet.

Auf der Kühlerhaube des Tonmodells befinden sich zwei höckerförmige Erhöhungen, sogenannte Power-Domes. Die Winkeländerung beim Übergang zwischen den Power-Domes und dem Rest der Kühlerhaube beträgt lediglich ca. 20 Grad. Am Bildschirm oder in einem Ausdruck können diese Erhöhungen im Meßdatensatz daher nur sehr schwer durch den Benutzer erkannt werden. Mit Hilfe der implementierten Algorithmen zur Kantenextraktion konnte die Trennlinie zwischen den Power-Domes und dem Rest der Kühlerhaube zuverlässig automatisch lokalisiert werden.

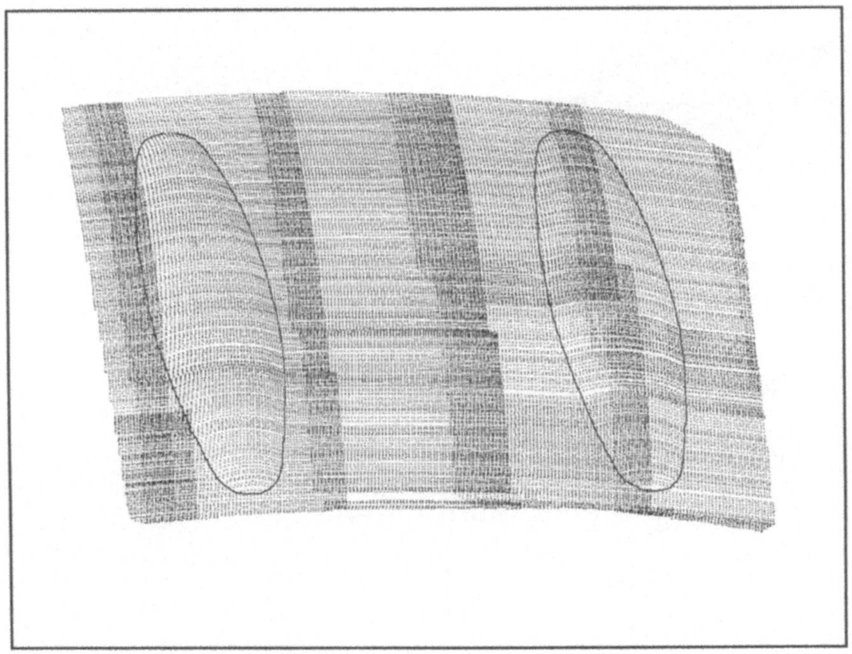

Bild 7.4: Automatisch lokalisierte Kanten an Power-Domes auf einer Motorhaube

In Bild 7.5 ist eine Meßpunktmenge vom Handgriff einer Motorsäge abgebildet. Aus ergonomischen Gründen erfolgt die Formfindung der Gehäuseteile von Elektrowerkzeugen oder Motorgeräten in der Regel anhand von physischen Modellen. Die Flächenrückführung ermöglicht die exakte Übernahme dieser Geometrie in ein CAD-System.

Der Handgriff weist eine Reihe von Ausrundungen auf. In der dargestellten Projektion sind zwei davon zu erkennen. Eine davon befindet sich am linken Bildrand, wo der Handgriff in den Rest des Gehäuses übergeht, die andere ist in der unteren Bildhälfte im Bereich der Handauflagefläche zu sehen. Die Radiusauslauflinien dieser beiden Ausrundungen wurden mit Hilfe der in Kapitel 6 beschriebenen Algorithmen berechnet. Die hierfür benötigten Leitlinien wurden innerhalb von wenigen Sekunden interaktiv erzeugt und sind hier nicht abgebildet.

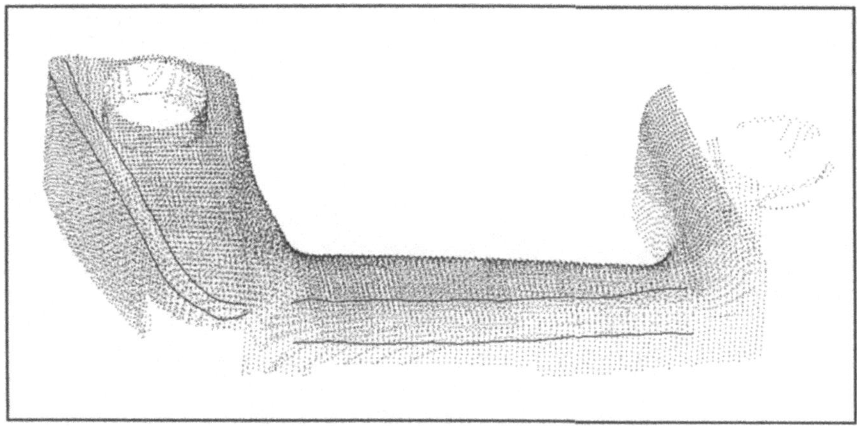

Bild 7.5: Berechnete Radiusauslauflinien am Handgriff einer Motorsäge

Automobil-Zubehörteile wie z.B. Autofelgen sind starken Modetrends unterworfen. Parallel zu den Modellwechseln des Autos müssen auch eine Reihe von Zubehörteilen in kurzer Zeit auf die neue Form abgestimmt werden. Die Formfindung anhand von physischen Modellen und die nachfolgende Flächenrückführung bilden auch hier die Grundlage für eine schnelle und gezielte Reaktion auf die Bedürfnisse des Marktes.

Bild 7.6 zeigt die Meßpunktmenge, die von einer Autofelge abgenommen wurde. Aus Symmetriegründen wurde nur ein Ausschnitt der Felge digitalisiert. Folglich werden bei der Flächenrückführung auch nur Flächen in diesem Teilbereich erzeugt. Durch Ausnutzung der vorhandenen Symmetrien wird die Flächenbeschreibung im CAD-System vervollständigt. Dies spart Zeit und gewährleistet, daß z.B. alle Speichen genau identisch sind. Fünf Kanten und drei Paare von Radiusauslauflinien wurden aus der Meßpunktmenge mit den im Rahmen dieser Arbeit implementierten Algorithmen berechnet.

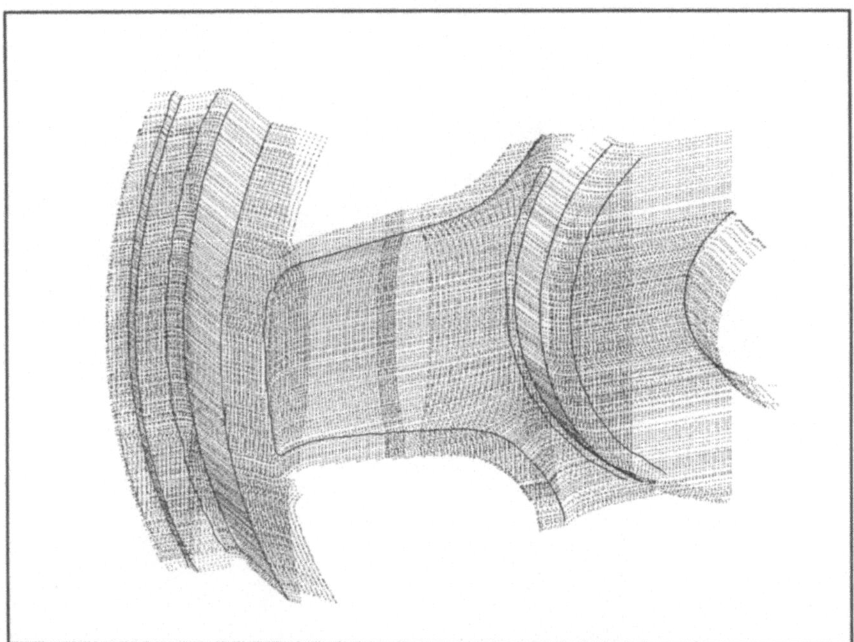

Bild 7.6: Berechnete Kanten und Radiusauslauflinien einer Autofelge

Der zur Digitalisierung der Beispielteile verwendete optische 3D-Sensor besitzt einen Meßpunktabstand d_m von 0.1 mm bei einer absoluten Meßunsicherheit von $3\sigma_{abs} = \pm 25\mu m$ /HYMA95/. Dies entspricht einer relativen Meßunsicherheit von $\sigma = \sigma_{abs}/d_m < 0.1$. Aus den oben gezeigten Anwendungsbeispielen und den Untersuchungen in Kapitel 5.4 und 6.3 geht hervor, daß damit Kanten im Meßdatensatz mit einem Knickwinkel von lediglich 10° und Radiusauslauflinien mit einem Winkel zwischen den ausgerundeten Flächen von >= 30° zuverlässig automatisch lokalisiert werden können.

Kapitel 8

Zusammenfassung und Ausblick

Ziel der vorliegenden Arbeit war die Beschleunigung der Flächenrückführung bei gleichzeitiger Verbesserung der Qualität der entstehenden Flächenmodelle durch eine effiziente Benutzerunterstützung bei der Segmentierung von 3D-Meßpunktmengen. Hierfür wurden leistungsfähige Algorithmen zur automatischen Bestimmung von Kanten und Radiusauslauflinien aus unstrukturierten Meßpunktmengen entwickelt und implementiert. Da keine Ordnung der erfaßten Meßpunktmenge vorausgesetzt wurde, sind die implementierten Algorithmen unabhängig vom verwendeten 3D-Sensor und unabhängig von der gewählten Digitalisierstrategie einsetzbar.

Tests der implementierten Algorithmen an realen und künstlich erzeugten Punktmengen belegen, daß - trotz fehlender Ordnungsinformation der Punktmenge und auch bei erheblichem Rauschen der Meßpunkte - hervorragende Ergebnisse bei der automatischen Lokalisierung von Kanten und Radiusauslauflinien erzielt werden können. Somit stellen diese Algorithmen sehr robuste und leistungsfähige sowie universell einsetzbare Hilfsmittel für die Flächenrückführung dar. Die wichtigsten Ergebnisse der vorliegenden Arbeit sind in den folgenden Abschnitten kurz zusammengefaßt.

Die exakte Wahl von Segmentgrenzen an Kanten und Radiusauslauflinien hat einen entscheidenden Einfluß auf die Qualität der entstehenden Flächenmodelle und mußte bisher interaktiv durch den Benutzer erfolgen. Für eine automatische Lokalisierung dieser Segmentgrenzen in einer Meßpunktmenge sind Nachbarschaftsbeziehungen zwischen den Meßpunkten erforderlich. In unstrukturierten Meßpunktmengen können diese Nachbarschaftsbeziehungen nicht aus der Reihenfolge der gespeicherten Meßpunkte abgeleitet werden.

Als Nachbarschaftskriterium wurde eine Kugelumgebung um jeden Meßpunkt definiert, wobei der Kugelradius mit dem mittleren Punktabstand der Meßpunktmenge korreliert ist. Eine einmalige, vollständige Berechnung und Speicherung aller Nachbarschaftsbeziehungen ist aufgrund des dafür erforderlichen Hauptspeicherbedarfs nicht praktikabel. Zur effizienten dynamischen Berechnung dieser Nachbarschaften sind daher spezielle Datenstrukturen und Suchalgorithmen erforderlich.

Drei verschiedene Suchverfahren wurden im Rahmen der vorliegenden Arbeit entwickelt, implementiert und verglichen:

- Strukturierung der Meßpunkte in drei balancierten Binärbäumen nach x, y bzw. z-Koordinaten.
  Bei N Meßpunkten können die Nachbarschaftsinformationen vollständig mit einem Aufwand proportional zu $N*\log_2 N$ berechnet werden. Allerdings müssen bei jeder Suchoperation alle drei Binärbäume durchlaufen werden.

- Strukturierung der Meßpunkte in einem Komplexbaum.
  Jeder Knoten des Komplexbaums hat acht Unterbäume. Eine Lastbalancierung dieses Baumes ist prinzipiell nicht möglich, daher kann ein zu $N*\log_2 N$ proportionaler Aufwand nicht gewährleistet werden, allerdings muß immer nur ein Suchbaum betrachtet werden.

- Strukturierung der Meßpunkte in einer dreidimensionalen Gitterstruktur
  Es handelt sich hierbei um eine dreidimensionale Erweiterung des Hash-Verfahrens. Alle Nachbarschaftsbeziehungen können mit linearem Aufwand berechnet werden. Optimale Laufzeiten werden bei einem Verhältnis von Gitterkantenlänge zu Suchkugelradius von 1,01 erreicht.

Vergleiche der implementierten Algorithmen zur vollständigen Nachbarbestimmung bei ca. 100.000 Meßpunkten ergaben ein Laufzeitverhältnis von Gitterverfahren : Komplexbaum : 3 Binärbäume von ca. 1 : 4 : 100. Als Grundlage für die Lokalisierung von Kanten und Radiusauslauflinien wurde daher das Gitterverfahren gewählt.

Zur automatischen Bestimmung von Kanten wurde eine Methode entwickelt, die jeden Meßpunkt anhand eines Merkmalsvektors klassifiziert. Komponenten des Merkmalsvektors bilden die Punktkoordinaten, der lokale Normalenvektor, die mittlere Krümmung im Meßpunkt, sowie Informationen über Symmetrieverhältnisse in der Nachbarmenge des Meßpunkts (Gruppierbarkeit von Normalenvektoren). Da kommerzielle 3D-Sensoren lediglich Punktkoordinaten erfassen, wurden Algorithmen entwickelt, um die restlichen Informationen des Merkmalsvektors automatisch aus der Nachbarmenge eines Meßpunkts zu berechnen.

Entscheidungskriterium für die Erzeugung eines Kantensegments zwischen zwei benachbarten Meßpunkten stellt die numerische Klassifikation der zugehörigen Merkmalsvektoren dar. Hierzu wurde ein Skalarprodukt im Merkmalsvektorraum definiert. Übersteigt der Wert dieses Skalarprodukts einen vorgegebenen Schwellwert, so wird ein Kantensegment erzeugt. Zur weiteren Verfolgung der so gefundenen Kante erfolgt ein rekursiver Aufruf der Skalarprodukt-Berechnung.

Aufbauend auf den Informationen im Merkmalsvektor wurde zusätzlich eine Methode zur geometrischen Korrektur der gefundenen Kantenlinie im Sub-Meßpunktbereich entwickelt und implementiert.

Mit Hilfe mathematisch idealer Punktmengen, denen künstlich ein statistisches Rauschen variabler Intensität überlagert wurde, konnte die Stabilität der implementierten Verfahren zur automatischen Extraktion von Kanten aus unstrukturierten Meßpunktmengen bestimmt werden. Selbst Kanten mit einem Knickwinkel von lediglich 10° können zuverlässig lokalisiert und verfolgt werden, falls das Verhältnis von statistischem Rauschen ($3\sigma_{abs}$) zu mittlerem Punktabstand kleiner als 0,3 ist.

Grundlage der entwickelten Methode zur automatischen Bestimmung von Radiusauslauflinien bildet die Definition einer Leitlinie. Die Leitlinie wird entweder interaktiv durch den Benutzer vorgegeben oder automatisch mit Hilfe der Algorithmen zur Kantenverfolgung erzeugt und sollte ungefähr in der Mitte der betrachteten Ausrundung liegen. Aufbauend auf der so definierten Leitlinie wurde ein Verfahren entwickelt, das die Bestimmung der Radiusauslauflinien auf eine Serie von 2D-Problemen reduziert. Hierzu werden die Meßpunkte auf Querschnitten senkrecht zur Leitlinie strukturiert. Innerhalb eines Querschnitts wird durch Sortierung der Meßpunkte eine Konturlinie erzeugt. Ein aus der Bildverarbeitung bekanntes Verfahren zur Kontursegmentierung durch Konturwinkel-Berechnung und stückweise lineare Approximation des Konturwinkelgraphs durch drei Geraden, wurde zur Bestimmung der Radiusauslauflinien erweitert und angepaßt.

Mit Hilfe mathematisch idealer Punktmengen, denen künstlich ein statistisches Rauschen variabler Intensität überlagert wurde, konnte die Stabilität der implementierten Verfahren zur automatischen Extraktion von Radiusauslauflinien bestimmt werden. Bei Ausrundungswinkeln größer als 30° können die Radiusauslauflinien zuverlässig bestimmt werden, falls das Verhältnis von statistischem Rauschen ($3\sigma_{abs}$) zu mittlerem Punktabstand der Meßpunktmenge kleiner als 0,2 ist.

Die implementierten Algorithmen zur automatischen Lokalisierung von Kanten und Radiusauslauflinien wurden in ein bestehendes Flächenrückführungssystem integriert. Erste Versuche mit realen Bauteilen zeigten, daß die implementierten Algorithmen hervorragende Hilfsmittel zur Benutzerunterstützung bei der Segmentierung von Meßpunktmengen für die

Flächenrückführung darstellen. Die Stabilität der Berechnungsergebnisse bezüglich Rauscheinflüssen sowie die Anwendbarkeit der Algorithmen für beliebig strukturierte Meßpunktmengen bilden die Voraussetzung dafür, daß die entwickelten Methoden unabhängig vom verwendeten 3D-Sensor und unabhängig von der gewählten Digitalisierstrategie universell einsetzbar sind.

Ausblick

Für die vollständige Segmentierung einer Meßpunktmenge werden neben den im Rahmen der vorliegenden Arbeit betrachteten Segmentgrenzen an Kanten und Radiusauslauflinien weitere Segmentgrenzen in der Meßpunktmenge definiert, so daß ein vollständiges Netz von Randkurven der zu erzeugenden Teilflächen entsteht. Diese zusätzlichen Segmentgrenzen sind nicht durch einen charakteristischen Krümmungsverlauf gekennzeichnet und werden in der Praxis eingefügt, um z. B. starke Schwankungen in der Flächengröße zu vermeiden, T-Kreuzungen von Segmentgrenzen zu verhindern oder der traditionellen Flächenaufteilung eines Konstrukteurs Rechnung zu tragen.

Aufbauend auf den erzielten Ergebnissen sollten sich zukünftige Arbeiten daher mit einer noch weiterreichenderen Benutzerunterstützung bei der Segmentierung von Meßpunktmengen beschäftigen. Aufgrund der gesammelten Erfahrungen im Rahmen der vorliegenden Arbeit und in zahlreichen Gesprächen mit Anwendern von Flächenrückführungssoftware ist allerdings von einer vollautomatischen Segmentierung von Meßpunktmengen ohne Benutzerinteraktion eher abzuraten, da die Philosophie für die Bestimmung weiterer - nicht krümmungsbedingter - Segmentgrenzen je nach Anwendung oder Unternehmen stark unterschiedlich sein kann.

Zukünftige Entwicklungen sollten daher zwei Arbeitsschwerpunkte haben:

1. Entwicklung von Methoden zur automatischen Berechnung von initialen Segmentierungsvorschlägen in Form von geschlossenen Segmenten

2. Entwicklung von Methoden zur effizienten interaktiven Modifikation dieser Segmentierungsvorschläge (z.B. Verschieben von bestehenden Segmentgrenzen, Einfügen zusätzlicher Segmentgrenzen durch Mausklick etc.)

Diese Vorgehensweise ermöglicht eine breite Anwendung der zu entwickelnden Methoden und erfordert lediglich geringfügige Benutzerinteraktionen bei der Segmentierung. Die im Rahmen der vorliegenden Arbeit entwickelten Algorithmen und Datenstrukturen stellen eine optimale Basis für die oben genannten Weiterentwicklungen dar.

Kapitel 9:

Literaturverzeichnis

/AUMA93/   Aumann, G., Spitzmüller, K.:
            Computerorientierte Geometrie
            Mannheim u.a.: Wissenschaftsverlag, 1993

/BÄSS89/   Bässmann, H., Besslich, P.W.:
            Konturorientierte Verfahren in der Bildverarbeitung
            Berlin: Springer, 1989

/BCT94/   BCT: scancad geo.
            Dortmund, 1994 - Firmenschrift

/BHAN92/   Bhandarkar, S. M., Siebert, A.:
            Integrating edge and surface information for range image segmentation.
            In: Pattern Recognition 25 (1992) Nr. 9, S. 947-961

/BONI96/   Bonitz, P., Krzystek, P.:
            Reverse Engineering in Combination with Digital Photogrammetry
            In: IFIP WG 5.2 Workshop: Geometric Modeling in CAD
            18.-23. Mai 1996 in Airlie, Viginia, USA

/BOUL92/   Boulanger, P., Godin, G.:
            Multiresolution segmentation of range images based on bayesian
            decision theory.
            In: Intelligent Robotics and Computer Vision XI: Algorithms, Techniques
            and Active Vision 1825 (1992), S. 16-18

/BOYE94/   Boyer, K. L., Mirza, M. J., Ganguly, G.:
            The Robust Sequential Estimator: A General Approach and its Application to
            Sruface Organization in Range Data.
            In: IEEE Transactions on Pattern Analysis and Machine Intelligence
            16 (1994) Nr. 10, S. 987-1001

/BREM96/   Bremer, C.:
            Effizientes Reverse Engineering mit 3D-Digitalisieren
            In: International Conference on Rapid Product Development
            10./11. Juni 1996 in Stuttgart / Messe Stuttgart (Hrsg.), 1996, 137-142

/BRON85/   Bronstein, I. N., Semendjajew, K. A.:
            Taschenbuch der Mathematik
            Thun; Frankfurt/Main: Verlag Harri Deutsch, 1985

/CORM94/   Corman, T. H., Leiserson, C. E., Ribest, R. L.:
            Introduction to Algorithms
            McGraw-Hill, USA: The MIT-Press, 1994

/DELC96/   Delcam International plc: CopyCAD.
            Birmingham, UK, 1996 - Firmenschrift

/DREY77/   Dreyfus, S. E., Law, A. M.:
            The art and theory of dynamic programming
            New York: Academic Press, 1977

/DUTS90/   Dutschke, W:
            Fertigungsmeßtechnik.
            Stuttgart: B. G. Teubner, 1990

/DYN93/   Dyn, N., Rippa, S.:
            Data-dependent triangulations for scattered data interpolation and finite
            element approximation.
            In: Applied Numerical Mathematics, 12 (1993), S. 89-105

/FAN87/   Fan, T., Medioni, G., Nevatia, R.:
            Surface segmentation and description from curvature features.
            In: DARPA Image Understanding Workshop (1987), S. 351-359

/FARI94/   Farin, G.:
            Kurven und Flächen im Computer Aided Geometric Design.
            Braunschweig; Wiesbaden: Vieweg, 1994

/FICH96/   Fichtner, D., Schöne, C.:
            Weiterentwicklung des Digitalisierens als Teil der Produktmodellierung.
            In: ZWF 91 (1996) Nr. 1-2, S. 44-46

/FLYN89/   Flynn, P. J., Jain, A. K.:
            On reliable curvature estimation.
            In: IEEE CVPR International Conference on Computer Vision and Pattern
            Recognition 1989, S. 110-116

/GEIS74/   Geise, G., Schippke, S.:
            Ausgleichsgerade, -kreis, -ebene, -kugel im Raum.
            In: Mathematische Nachrichten 62 (1974) S. 65-75

/GEOR90/   Senter for Industriforskning: GeoRes
            Oslo, 1992 - Senter for Indusrtiforskning Postboks 124 Blindern,
            0314 Oslo 3, Norwegen

/HABE85/   Haberäcker, P.:
            Digitale Bildverarbeitung
            München; Wien: Carl Hanser Verlag, 1985

/HALL95/   Haller, Th., Roth-Koch, S., Geiger, M.:
            Rapid mould and die making using Reverse Engineering and Rapid
            Prototyping
            In: 3rd International Conference on Die & Mould Technology,
            7./8. September 1995 in Taipei, Taiwan / Chinese Taipei, Taiwan Mould
            & Die Industry Association (Hrsg.). Taipei, 1995, S. 739-752

/HEBE95/   Hebert, M., Ikeuchi, K., Delingette, H.:
            A Spherical Representation for Recogenition of Free-Form Surfaces.
            In: IEEE Transactions on Pattern Analysis and Machine Intelligence
            17 (1995) Nr. 7, S. 681-689

/HOFF87/   Hoffmann, R., Jain, A.K.:
            Segmentation and classification of range images.
            In: IEEE Transactions on Pattern Analysis and Machine Intelligence
            9 (1987) Nr. 5, S. 608-620

/HOOV96/   Hoover, A u.a.
            An Experimental Comparison of Range Image Segmentation Algorithms
            In: IEEE Transactions on Pattern Analysis and Machine Intelligence
            18 (1996) Nr. 7, S. 673-689

/HOPC94/   Hopcroft, J., Ullman, J. D.:
            Einführung in die Automatentheorie, Formale Sprachen und
            Komplexitätstheorie.
            Bonn u.a.: Addison-Wesley, 1994

/HOPP94/   Hoppe, H.:
            Surface Reconstruction from Unorganized Points.
            Seattle, Washington, USA, Univ., Diss., 1994

/HYMA95/   Hymarc: Hyscan 45c
            Ottawa, Canada, 1995 - Firmenschrift

/ICHO96/   Ichoku, Ch., Deffontaines, B., Chorowicz, J.:
            Segmentation of digital plane curves: A dynamic focusing approach.
            In: Pattern Recognition Letters 17 (1996) S. 741-750

/IGES91/   Reed, K., u.a.:
            Initial Graphics Exchange Specification - Version 5.1.
            Berlin: Deutsches Institut für Normung / Normenausschuß
            Maschinenbau, 1991

/IMAG95/   Imageware Inc.: Surfacer.
            Ann Arbor, Michigan, USA, 1995 - Firmenschrift

/INTI96/   INTITech GmbH: INTISurf.
            Aachen, 1996 - Firmenschrift

/IPA95/   Fraunhofer-Institut für Produktionstechnik und Automatisierung IPA:
            Geometriedefinition. Stuttgart, 1995 - Produktblatt

/KNOR95/   Knorpp, R., Haller, Th., Steger, W.:
            Neue Methoden der intelligenten Verarbeitung von 3D-Meßdaten
            In: Intelligente Produktionssysteme Solid Freeform Manufacturing,
            29./30. September 1995 in Dresden / Kochan, D. (Hrsg.). Dresden, 1995,
            S. 195 -203

/KNOR96-1/ Knorpp, R.:
            Automatische Verarbeitung von 3D-Meßdaten
            In: Fraunhofer IPA-Technologieforum F 22: Erfassen und Verarbeiten der
            Werkstückgeometrie, 12. Dezember 1996 in Stuttgart
            Fraunhofer IPA (Hrsg.). Stuttgart, 1996, S. 91-100

/KNOR96-2/ Knorpp, R.:
Off-Line-Programming with audimess based on a STEP Tolerance model
In: audimess Anwendertreffen, 27. Juni 1996 in Berlin
VW-GEDAS, Berlin, 1996

/KNOR96-3/ Steger, W., Knorpp, R.:
The Application of STEP as a Standardized Interface for Rapid Product
Development.
In: International Conference on Rapid Product Development
10./11. Juni 1996 in Stuttgart / Messe Stuttgart (Hrsg.), 1996, 314-324

/KNOR97-1/ Scharm, H., Knorpp, R.:
Vom physischen zum CAD-Modell
In: CAD/CAM 16 (1997) Nr. 3, S. 100-105

/KNOR97-2/ Knorpp, R.:
Verarbeitung von 3D-Meßdaten
In: Industrial Vision Days, 8.-10. Oktober 1997 in Stuttgart
Messe Stuttgart (Hrsg.). Stuttgart, 1997

/KOIV93/ Koivunen, V., Bajcsy, R.:
Geometric Methods for building CAD models from range data
In: Proceedings of the SPIE 2031 (1993), S. 205-216

/LANG91/ Lange, M.:
Segmentierung von Konturen auf der Basis von Krümmungsberechnungen
In: 13. DAGM-Symposium Mustererkennung 1991
Radig, B. (Hrsg)
Berlin: Springer, 1991

/LUDE89/ Ludewig, J.:
Einführung in die Informatik I,II
Skriptum Informatik, 2. Korrigierte Auflage
Zürich: Verlag der Fachvereine, 1989

/MATR95/ Matra Datavision: STRIM and the professional solutions by Matra Datavision.
Les Ulis Cedex, Frankreich, 1995 - Firmenschrift

/NIEV86/ Nievergelt, J., Hinrichs, K.:
Programmierung und Datenstrukturen
Berlin u.a.: Springer, 1986

/OBER96/ Oberdorfer, B.:
Optoelektronische 3D-Meßtechnik
In: Fraunhofer IPA-Technologieforum F 22: Erfassen und Verarbeiten der
Werkstückgeometrie, 12. Dezember 1996 in Stuttgart
Fraunhofer IPA (Hrsg.). Stuttgart, 1996, S. 37-48

/PEI96/ Pei, S.-C., Horng, J.-H.:
Optimum approximation of digital planar curves using circular arcs
In: Pattern Recognition 29 (1996) Nr. 3, S. 383-388

/PERE92/   Prerez, J.-C., Vidal, E.:
             An Algorithm for the Optimum Piecewise Linear Approximation of Digitzed
             Curves.
             In: 11th IAPR International Conference on Pattern Recognition, Volume III,
             Conference C: Image, Speech and Signal Analysis
             August 30 - September 3, 1992, The Hague, Netherlands
             Los Alamos u.a.: IEEE Computer Society Press

/QUEK93/   Quek, F., Jain, R., Weymouth, T. E.:
             An Abstraction-Based Approach to 3-D Pose Determination from
             Range Images.
             In: IEEE Transactions on Pattern Analysis and Machine Intelligence
             15 (1993) Nr. 7, S. 722-736

/RAUH93/   Rauh, W.:
             Konturantastende und optoelektronische Koordinatenmeßgeräte für den
             industriellen Einsatz.
             Berlin u.a.: Springer, 1993.
             Zugl. Stuttgart, Univ., Diss., 1993

/ROTH93/   Roth, G., Levine, D.:
             Extracting geometric primitives.
             Computer Vision, Graphics Image Processing: Image Understanding
             58 (1993) Nr. 1, S. 1-22

/ROTH94/   Roth, G., Levine, D.:
             Geometric Primitive Extraction Using a Genetic Algorithm.
             In: IEEE Transactions on Pattern Analysis and Machine Intelligence
             16 (1994) Nr. 9, S. 901-905

/ROTK96/   Roth-Koch, S.:
             Merkmalsbasierte Definition von Freiformgeometrien auf der Basis
             räumlicher Punktwolken.
             Berlin u.a.: Springer, 1996.
             Zugl. Stuttgart, Univ., Diss., 1996

/SARK91/   Sarkar, B., Menq, C. H.:
             Smooth surface approximation and Reverse Engineering.
             In: Computer Aided Design 23 (1991) Nr. 9, S. 623-628

/SCHO96/   Scholl, K.:
             Reverse Engineering im CIM-Umfeld der Automobilindustrie
             In: Fraunhofer IPA-Technologieforum F 22: Erfassen und Verarbeiten der
             Werkstückgeometrie, 12. Dezember 1996 in Stuttgart
             Fraunhofer IPA (Hrsg.). Stuttgart, 1996, S. 23-30

/SCHW77/   Schwefel, H.-P.:
             Numerische Optimierung von Computer-Modellen mittels
             Evolutionsstrategie.
             Basel; Stuttgart: Birkhäuser, 1977

/SEDG91/   Sedgewick, R.:
             Algorithmen, 3. Auflage
             Bonn u.a.: Addison-Wesley, 1991

/SEKI93/   Sekita, I., Boulanger, P., Godin, G.:
            Extraction and approximation of range image data using a rational bezier
            surface.
            In: Vision Interface 93, Toronto Ontario, Juni 1993

/SHUM95/   Shum, H.-Y., Ikeuchi, K., Reddy, R.:
            Principal Component Analysis with Missing Data and Its Application to
            Polyhedral Object Modelling.
            In: IEEE Transactions on Pattern Analysis and Machine Intelligence
            17 (1995) Nr. 9, S. 854-867

/SKIF95/   Skifstad, K.:
            Trends and Developments in Reverse Engineering
            In: International Conference on Rapid Product Development
            8./9. Mai 1995 in Stuttgart / Messe Stuttgart (Hrsg.), 1995

/STEP95/   Norm: ISO 10303 Part 203, 03.95:
            Standard for the Exchange of Product Model Data - Part 203:
            Application Protocol: Configuration Controlled Design .

/TATE90/   Tate, K., Ze-Nian, L.:
            Multiresolution range-guided stereo matching.
            In: SPIE Sensor Fusion III: 3D Perception and Recognition
            1383 (1990) S. 491-502

/TEBI96/   Tebis AG: Tebis Flächenrückführung.
            München, 1996 - Firmenschrift

/TEH89/   Teh, C., Chin, R. T.:
            On the Detection of Dominant Points on Digital Curves
            In: IEEE Transactions on Pattern Analysis and Machine Intelligence
            11 (1989) Nr. 8, S. 859-872

/TRUC92/   Trucco, E., Fisher, R. B.:
            Computing surface-based representations from range images.
            In: IEEE International Conference on Robotics and Automation, Nizza,
            Frankreich 1992, S. 1690-1694

/TRUC95/   Trucco, E., Fisher, R. B.:
            Experiments in Curvature-Based Segmentation of Range Data.
            In: IEEE Transactions on Pattern Analysis and Machine Intelligence
            17 (1995) Nr. 2, S. 177-182

/VDIB96/   VDI-Berichte 803-1289:
            Effiziente Anwendung und Weiterentwicklung von CAD-CAM-Technologien
            VDI-Gesellschaft Entwicklung, Konstruktion, Vertrieb
            Düsseldorf: VDI-Verlag, 1996

/VDAF86/   Verband der Automobilindustrie:
            VdA Flächenschnittstelle (VDA-FS) Version 2.0.
            Verband der Automibilindustrie e.V. (VDA)
            Frankfurt, VDA, Loseblattsammlung, 1986

/WANG92/   Wang. W., Iyengar, S. S.:
Efficient Data Structures for Model-Based 3-D Object Recognition and
Localization from Range Images.
In: IEEE Transactions on Pattern Analysis and Machine Intelligence
14 (1992) Nr. 10, S. 1035-1045

/WANI94/   Wani, M. A., Batchelor, B.G.:
Edge-Region-Based Segmentation of Range Images
In: IEEE Transactions on Pattern Analysis and Machine Intelligence
16 (1994) Nr. 3, S. 314-319

/WATS81/   Watson, D. F.:
Calculating the n-Dimensional Delaunay Tessellation with Applications to
Voronoi Polytopes.
In: The Computer Journal 24 (1981) Nr. 2, S. 167-172

/WINK95/   Winkler, K.:
Implementierung eines Algorithmus zur Triangulierung einer 3D-Punktmenge
Universität Stuttgart, IFF, Fakultät Maschinenbau, Diplomarbeit, 1995

/WUES91/   Wuescher, D. M., Boyer, K. L.:
Robust Contour Decomposition Using a Constant Curvature Criterion
In: IEEE Transactions on Pattern Analysis and Machine Intelligence
13 (1991) 1, S. 41-51

/YOKO89/   Yokoya N., Levine D.:
Range Image Segmentation Based on Differential Geometry:
A Hybrid Approach.
In: IEEE Transactions on Pattern Analysis and Machine Intelligence
11 (1989) Nr. 6, S. 643-649

/YU94/   Yu, X., Bui, T. D., Krzyzak, A.:
Robust Estimation for Range Image Segmentation and Reconstruction.
In: IEEE Transactions on Pattern Analysis and Machine Intelligence
16 (1994) Nr. 5, S. 530-538